建设工程快速识图与诀窍丛书

市政工程快速识图与诀窍

侯乃军 主编

中国建筑工业出版社

图书在版编目（CIP）数据

市政工程快速识图与诀窍/侯乃军主编. —北京：
中国建筑工业出版社，2021.1
（建设工程快速识图与诀窍丛书）
ISBN 978-7-112-25865-9

Ⅰ.①市… Ⅱ.①侯… Ⅲ.①市政工程-工程制图-
识图 Ⅳ.①TU99

中国版本图书馆 CIP 数据核字（2021）第 024858 号

本书根据《房屋建筑制图统一标准》GB/T 50001—2017、《总图制图标准》GB/T
50103—2010、《道路工程制图标准》GB 50162—1992 等标准编写，主要包括市政工程识
图基础、道路工程图识图诀窍、桥梁工程图识图诀窍、市政管网工程图识图诀窍、隧道与
涵洞工程图识图诀窍、市政工程识图实例。本书详细讲解了最新制图标准、识图方法、步
骤与诀窍，并配有丰富的识图实例，具有逻辑性、系统性强、内容简明实用、重点突出等
特点。

本书可供市政工程设计、施工等相关技术及管理人员使用，也可供市政工程相关专业
的大中专院校师生学习参考使用。

责任编辑：郭　栋
责任校对：芦欣甜

建设工程快速识图与诀窍丛书
市政工程快速识图与诀窍
侯乃军　主编

*

中国建筑工业出版社出版、发行（北京海淀三里河路 9 号）
各地新华书店、建筑书店经销
霸州市顺浩图文科技发展有限公司制版
北京圣夫亚美印刷有限公司印刷

*

开本：787 毫米×1092 毫米　1/16　印张：11¾　字数：292 千字
2021 年 4 月第一版　　2021 年 4 月第一次印刷
定价：**39.00** 元
ISBN 978-7-112-25865-9
（36496）

编 委 会

主　编　侯乃军

参　编（按姓氏笔画排序）

　　　　万　滨　王　旭　王　雷　曲春光

　　　　张　彤　张　健　张吉娜　庞业周

前言 | Preface

　　随着经济的发展和进步，城市基础设施建设速度也在不断加快，市政工程建设迈向了更高的水平。市政工程是城市的基础建设，也是城市规划的重要内容。在市政工程施工中，施工图是指导，更是工程顺利进行的关键。在设计阶段，设计人员用施工图来表达设计思想与要求；在审批设计方案时，施工图是研究和审批的对象；在生产施工阶段，施工图又是施工的依据、也是编制施工计划、工程项目预算、准备施工所需材料及组织管理施工所必须依据的技术资料。因此，施工图被誉为工程界的"语言"。施工图识图是每个工程技术人员必备的基本素质和基本能力，由此可见施工图的重要性不是一般。基于此，我们组织编写了这本书。

　　本书根据《房屋建筑制图统一标准》GB/T 50001—2017、《总图制图标准》GB/T 50103—2010、《道路工程制图标准》GB 50162—1992等标准编写，主要包括市政工程识图基础、道路工程图识图诀窍、桥梁工程图识图诀窍、市政管网工程图识图诀窍、隧道与涵洞工程图识图诀窍、市政工程识图实例。本书详细讲解了最新制图标准、识图方法、步骤与诀窍，并配有丰富的识图实例，具有逻辑性、系统性强、内容简明实用、重点突出等特点。本书可供市政工程设计、施工等相关技术及管理人员使用，也可供市政工程相关专业的大中专院校师生学习参考使用，并可作为预算人员的识图教材。

　　由于编写经验、理论水平有限，难免有疏漏、不足之处，敬请读者批评指正。

目录 | Contents

市政工程识图基础

1.1 市政工程常用图例

1.1.1 一般规定

1. 图纸幅面

（1）图纸幅面及图框尺寸应符合表 1-1 的规定。

幅面及图框尺寸（mm）　　　　　　　　表 1-1

尺寸代号 ＼ 图幅代号	A0	A1	A2	A3	A4
$b \times l$	841×1189	594×841	420×594	297×420	210×297
c		10		5	
a			25		

注：表中 b 为幅面短边尺寸，l 为幅面长边尺寸，c 为图框线与幅面线间宽度，a 为图框线与装订边间宽度。

（2）需要微缩复制的图纸，其一个边上应附有一段准确米制尺度，四个边上均应附有对中标志，米制尺度的总长应为 100mm，分格应为 10mm。对中标志应画在图纸内框各边长的中点处，线宽应为 0.35mm，并应伸入内框边，在框外应为 5mm。对中标志的线段，应于图框长边尺寸 l_1 和图框短边尺寸 b_1 范围取中。

（3）图纸的短边尺寸不应加长，A0～A3 幅面长边尺寸可加长，但应符合表 1-2 的规定。

图纸长边加长尺寸（mm）　　　　　　　　表 1-2

幅面代号	长边尺寸	长边加长后的尺寸
A0	1189	1486(A0+1/4l)　1783(A0+1/2l)　2080(A0+3/4l)　2378(A0+l)
A1	841	1051(A1+1/4l)　1261(A1+1/2l)　1471(A1+3/4l)　1682(A1+l)　1892(A1+5/4l)　2102(A1+3/2l)

续表

幅面代号	长边尺寸	长边加长后的尺寸
A2	594	743(A2+1/4l)　891(A2+1/2l)　1041(A2+3/4l)　1189(A2+l) 1338(A2+5/4l)　1486(A2+3/2l)　1635(A2+7/4l)　1783(A2+2l) 1932(A2+9/4l)　2080(A2+5/2l)
A3	420	630(A3+1/2l)　841(A3+l)　1051(A3+3/2l)　1261(A3+2l) 1471(A3+5/2l)　1682(A3+3l)　1892(A3+7/2l)

注：有特殊需要的图纸，可采用 $b \times l$ 为 841mm×891mm 与 1189mm×1261mm 的幅面。

（4）图纸以短边作为垂直边应为横式，以短边作水平边应为立式。A0～A3 图纸宜横式使用；必要时，也可立式使用。

（5）一个工程设计中，每个专业所使用的图纸，不宜多于两种幅面，不含目录及表格所采用的 A4 幅面。

2. 标题栏

（1）图纸中应有标题栏、图框线、幅面线、装订边线和对中标志。图纸的标题栏及装订边的位置，应符合下列规定：

1) 横式使用的图纸应按图 1-1 的形式进行布置。

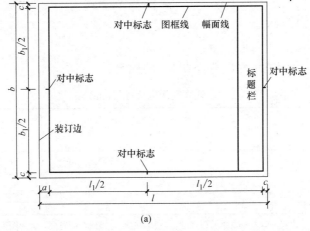

(a)

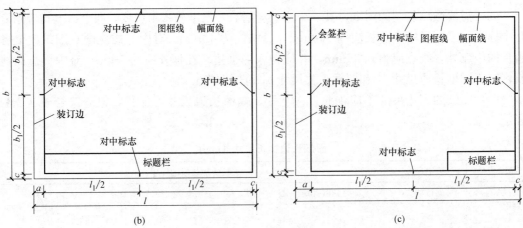

(b)　　　　　　　　　　　　　　(c)

图 1-1　A0～A3 横式幅面

2) 立式使用的图纸应按图 1-2 的形式进行布置。

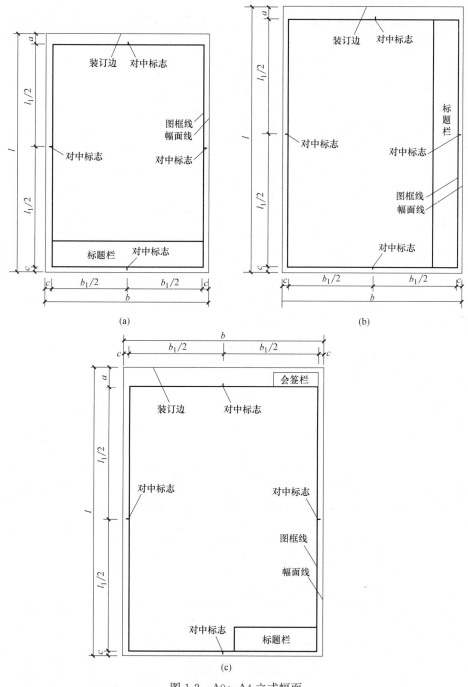

图 1-2   A0～A4 立式幅面

（2）应根据工程的需要选择确定标题栏、会签栏的尺寸、格式及分区。当采用图 1-1 （a）、（b）及图 1-2 （a）、（b）布置时，标题栏应按图 1-3 （a）、（b）所示布局；当采用图 1-1 （c）及图 1-2 （c）布置时，标题栏、签字栏应按图 1-3 （c）、（d）及图 1-4 所示布局。签字栏应包括实名列和签名列，并应符合下列规定：

1）涉外工程的标题栏内，各项主要内容的中文下方应附有译文，设计单位的上方或左方，应加"中华人民共和国"字样。

2）在计算机辅助制图文件中使用电子签名与认证时，应符合《中华人民共和国电子签名法》的有关规定。

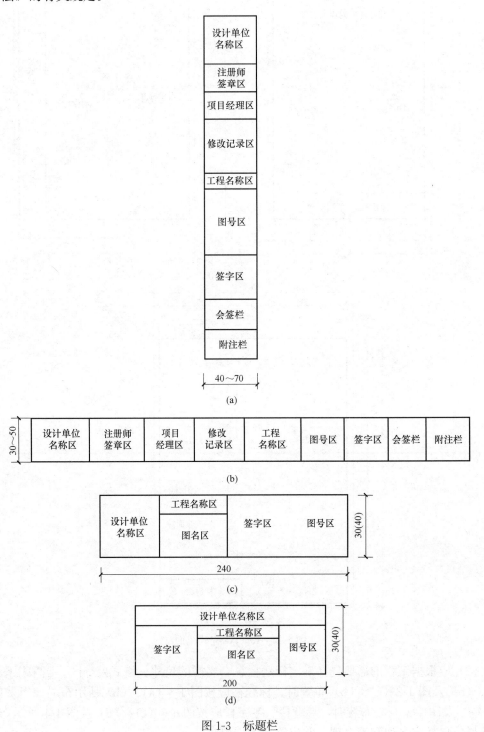

图 1-3　标题栏

　　3）当由两个以上的设计单位合作设计同一个工程时，设计单位名称区可依次列出设计单位名称。

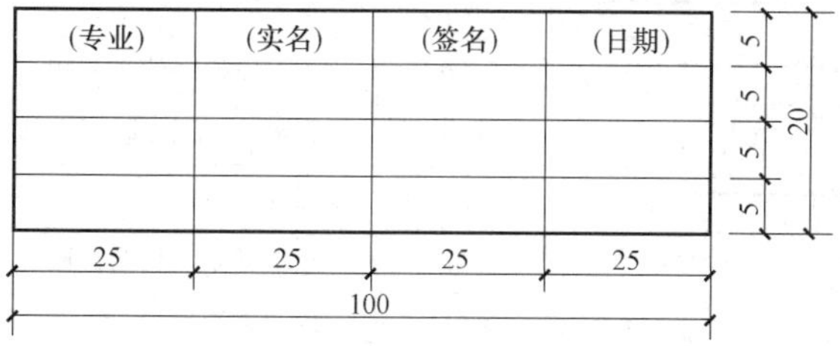

（专业）	（实名）	（签名）	（日期）
25	25	25	25

图 1-4　会签栏

3. 图线

　　（1）图线的基本线宽 b，宜按照图纸比例及图纸性质从 1.4mm、1.0mm、0.7mm、0.5mm 线宽系列中选取。每个图样应根据复杂程序与比例大小，先选定基本线宽 b，再选用表 1-3 中相应的线宽组。

线宽组（mm）　　　　　　　　　　　　　　　　　　　表 1-3

线宽比	线宽组			
b	1.4	1.0	0.7	0.5
$0.7b$	1.0	0.7	0.5	0.35
$0.5b$	0.7	0.5	0.35	0.25
$0.25b$	0.35	0.25	0.18	0.13

注：1. 需要缩微的图纸，不宜采用 0.18mm 及更细的线宽。
　　2. 同一张图纸内，各不同线宽中的细线，可统一采用较细的线宽组的细线。

　　（2）市政工程制图应根据图纸功能，按表 1-4 规定的线型选用。

图线　　　　　　　　　　　　　　　　　　　表 1-4

名　称		线　型	线　宽	用　途
实线	粗	———	b	①新建建筑物±0.000 高度可见轮廓线 ②新建铁路、管线
	中	———	$0.7b$ $0.5b$	①新建构筑物、道路、桥涵、边坡、围墙、运输设施的可见轮廓线 ②原有标准轨距铁路
	细	———	$0.25b$	①新建建筑物±0.000 高度以上的可见建筑物、构筑物轮廓线 ②原有建筑物、构筑物、原有窄轨、铁路、道路、桥涵、围墙的可见轮廓线 ③新建人行道、排水沟、坐标线、尺寸线、等高线
虚线	粗	-------	b	新建建筑物、构筑物地下轮廓线
	中	-------	$0.5b$	计划预留扩建的建筑物、构筑物、铁路、道路、运输设施、管线、建筑红线及预留用地各线
	细	------	$0.25b$	原有建筑物、构筑物、管线的地下轮廓线

续表

名 称		线 型	线 宽	用 途
单点长画线	粗	—·—·—·—·—	b	露天矿开采界限
	中	—·—·—·—·—	$0.5b$	土方填挖区的零点线
	细	—·—·—·—·—	$0.25b$	分水线、中心线、对称线、定位轴线
双点长画线		—··—··—··—	b	用地红线
		—··—··—··—	$0.7b$	地下开采区坍落界限
		—··—··—··—	$0.5b$	建筑红线
折断线		——/\——	$0.5b$	断线
不规则曲线		～～～	$0.5b$	新建人工水体轮廓线

注：根据各类图纸所表示的不同重点确定使用不同粗细线型。

4. 比例

市政工程制图采用的比例宜符合表 1-5 的规定。一个图样宜选用一种比例，铁路、道路、土方等的纵断面图，可在水平方向和垂直方向选用不同比例。

比例   表 1-5

图 名	比 例
现状图	1：500、1：1000、1：2000
地理交通位置图	1：25000～1：200000
总体规划、总体布置、区域位置图	1：2000、1：5000、1：10000、1：25000、1：50000
总平面图、竖向布置图、管线综合图、土方图、铁路、道路平面图	1：300、1：500、1：1000、1：2000
场地园林景观总平面图、场地园林景观竖向布置图、种植总平面图	1：300、1：500、1：1000
铁路、道路纵断面图	垂直：1：100、1：200、1：500 水平：1：1000、1：2000、1：5000
铁路、道路横断面图	1：20、1：50、1：100、1：200
场地断面图	1：100、1：200、1：500、1：1000
详图	1：1、1：2、1：5、1：10、1：20、1：50、1：100、1：200

5. 坐标标注

（1）市政工程总图应按上北下南方向绘制。根据场地形状或布局，可向左或右偏转，但不宜超过 45°。总图中应绘制指北针或风玫瑰图，如图 1-5 所示。

（2）坐标网格应以细实线表示。测量坐标网应画成交叉十字线，坐标代号宜用"X、Y"表示；建筑坐标网应画成网格通线，自设坐标代号宜用"A、B"表示，如图 1-5 所示。坐标值为负数时，应注"－"号，为正数时，"＋"号可以省略。

（3）总平面图上有测量和建筑两种坐标系统时，应在附注中注明两种坐标系统的换算公式。

（4）表示建筑物、构筑物位置的坐标应根据设计不同阶段要求标注，当建筑物与构筑物与坐标轴线平行时，可注其对角坐标。与坐标轴线成角度或建筑平面复杂时，宜标注三

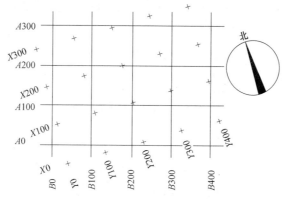

图 1-5 坐标网络

注：图中 X 为南北方向轴线，X 的增量在 X 周线上；Y 为东西方向轴线，Y 的增量在 Y 轴线上。A 轴相
    当于测量坐标网中的 X 轴，B 轴相当于测量坐标网中的 Y 轴。

个以上坐标，坐标宜标注在图纸上。根据工程具体情况，建筑物、构筑物也可用相对尺寸
定位。

（5）在一张图上，主要建筑物、构筑物用坐标定位时，根据工程具体情况也可用相对
尺寸定位。

（6）建筑物、构筑物、铁路、道路、管线等应标注下列部位的坐标或定位尺寸：

1）建筑物、构筑物的外墙轴线交点。

2）圆形建筑物、构筑物的中心。

3）皮带走廊的中线或其交点。

4）铁路道岔的理论中心，铁路、道路的中线交叉点和转折点。

5）管线（包括管沟、管架或管桥）的中线交叉点和转折点。

6）挡土墙起始点、转折点墙顶外侧边缘（结构面）。

6. 标高

（1）建筑物应以接近地面处的 ± 0.000 高的平面作为总平面。字符平行于建筑长边书写。

（2）总图中标注的标高应为绝对标高，当标注相对标高，则应注明相对标高与绝对标
高的换算关系。

（3）建筑物、构筑物、铁路、道路、水池等应按下列规定标注有关部位的标高：

1）建筑物标注室内 ± 0.000 的绝对标高在一栋建筑物内宜标注一个 ± 0.000 高；当有
不同地坪标高，相对 ± 0.000 数值标注。

2）建筑物室外散水，标注建筑物四周转角或两对角的散水坡脚处标高。

3）构筑物标注其有代表性的标高，并用文字注明标高所指的位置。

4）铁路标注轨顶标高。

5）道路标注路面中心线交点及变坡点标高。

6）挡土墙标注墙顶和墙趾标高，路堤、边坡标注坡顶和坡脚标高，排水沟标注沟顶
和沟底标高。

7）场地平整标注其控制位置标高，铺砌场地标注其铺砌面标高。

（4）标高符号应以等腰直角三角形表示，并应按图 1-6（a）所示形式用细实线绘制，

如标注位置不够，也可按图 1-6 （b） 所示形式绘制。标高符号的具体画法可按图 1-6 （c）、（d） 所示。

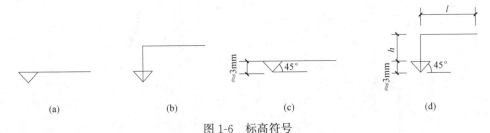

图 1-6　标高符号

l—取适当长度注写标高数字；h—根据需要取适当高度

（5）总平面图室外地坪标高符号宜用涂黑的三角形表示，具体画法可按图 1-7 所示。

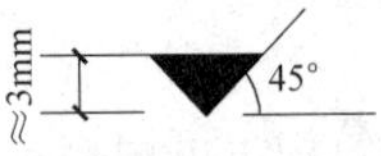

（6）标高符号的尖端应指至被注高度的位置。尖端宜向下，也可向上。标高数字应注写在标高符号的上侧或下侧，如图 1-8 所示。

图 1-7　总平面图室外地坪标高符号

（7）标高数字应以 m 为单位，注写到小数点以后第三位。在总平面图中，可注写到小数点以后第二位。

（8）零点标高应注写成±0.000，正数标高不注"＋"，负数标高应注"－"，例如 3.000、－0.600。

（9）在图样的同一位置需表示几个不同标高时，标高数字可按图 1-9 的形式注写。

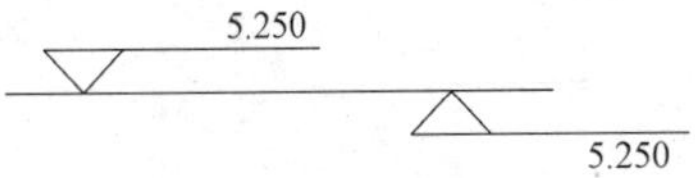

图 1-8　标高的指向

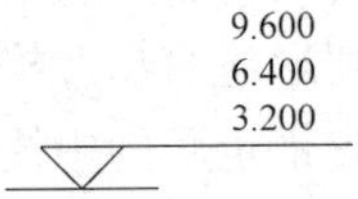

图 1-9　同一位置注写多个标高数字

1.1.2　市政工程常用图例

（1）市政工程总平面图例见表 1-6。

总平面图例　　　　　　　　　　　　表 1-6

序号	名　称	图　例	备　注
1	新建建筑物	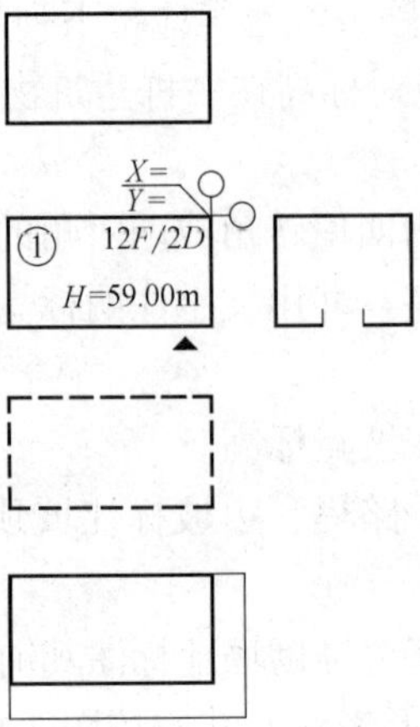 $X=$ $Y=$ ① 12F/2D $H=59.00m$	新建建筑物以粗实线表示与室外地坪相接处±0.000外墙定位轮廓线 建筑物一般以±0.000高度处的外墙定位轴线交叉点坐标定位。轴线用细实线表示，并标明轴线号 根据不同设计阶段标注建筑编号，地上、地下层数，建筑高度，建筑出入口位置(两种表示方法均可，但同一图纸采用一种表示方法) 地下建筑物以粗虚线表示其轮廓 建筑上部(±0.000以上)外挑建筑用细实线表示 建筑物上部连廊用细虚线表示并标注位置

续表

序号	名　称	图　例	备　注
2	原有建筑物	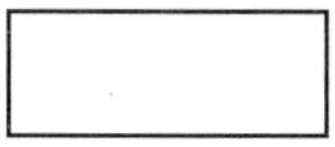	用细实线表示
3	计划扩建的预留地或建筑物		用中粗虚线表示
4	拆除的建筑物	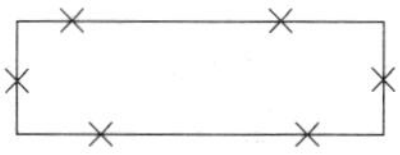	用细实线表示
5	建筑物下面的通道	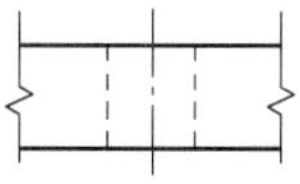	—
6	散状材料露天堆场	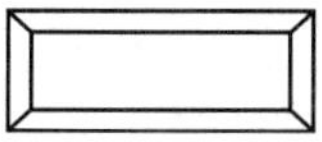	需要时可注明材料名称
7	其他材料露天堆场或露天作业场	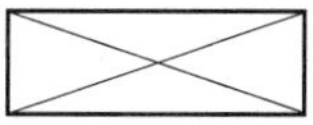	需要时可注明材料名称
8	铺砌场地	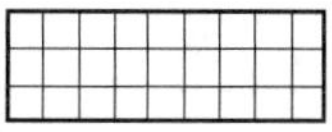	—
9	敞棚或敞廊	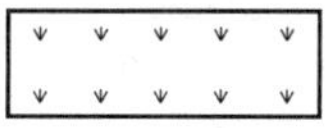	—
10	高架式料仓	 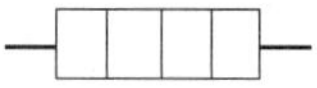	—
11	漏斗式贮仓		左、右图为底卸式 中图为侧卸式
12	冷却塔(池)		应注明冷却塔或冷却池
13	水塔、贮罐	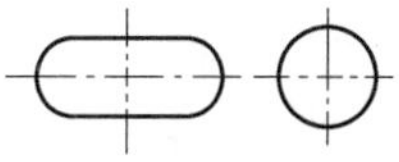	左图为卧式贮罐 右图为水塔或立式贮罐
14	水池、坑槽		也可以不涂黑
15	明溜矿槽(井)		—
16	斜井或平硐	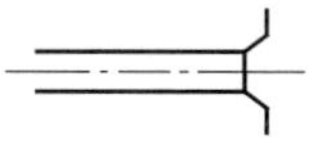	—
17	烟囱	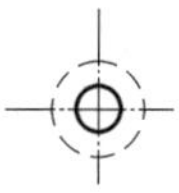	实线为烟囱下部直径,虚线为基础,必要时可注写烟囱高度和上、下口直径

序号	名　称	图　例	备　注
18	围墙及大门	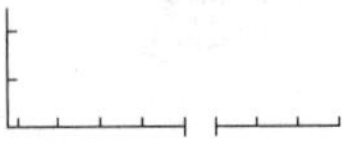	—
19	挡土墙	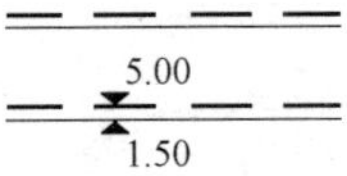 5.00 1.50	挡土墙根据不同设计阶段的需要标注 墙顶标高 墙底标高
20	挡土墙上设围墙		—
21	台阶及无障碍坡道	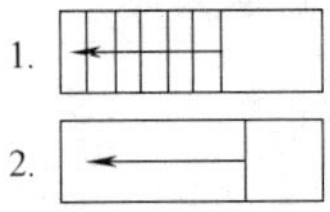 1. 2.	1. 表示台阶(级数仅为示意) 2. 表示无障碍坡道
22	架空索道		"I"为支架位置
23	斜坡卷扬机道	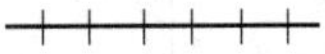	
24	斜坡栈桥 (皮带廊等)	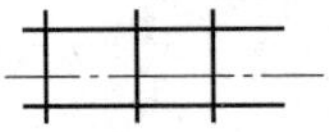	细实线表示支架中心线位置
25	坐标	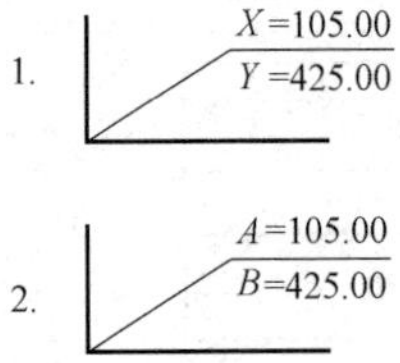 1. $X=105.00$ $Y=425.00$ 2. $A=105.00$ $B=425.00$	1. 表示地形测量坐标系 2. 表示自设坐标系 坐标数字平行于建筑标注
26	方格网交叉点标高	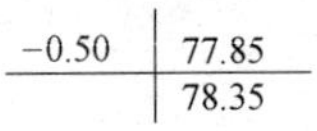 -0.50 │ 77.85 78.35	"78.35"为原地面标高 "77.85"为设计标高 "-0.50"为施工高度 "-"表示挖方("+"表示填方)
27	填方区、挖方区、 未整平区及零线	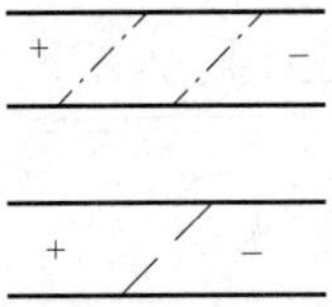 +　　　- +	"+"表示填方区 "-"表示挖方区 中间为未整平区 点画线为零点线
28	填挖边坡	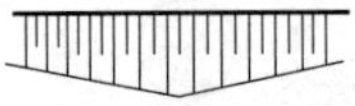	—
29	分水脊线与谷线	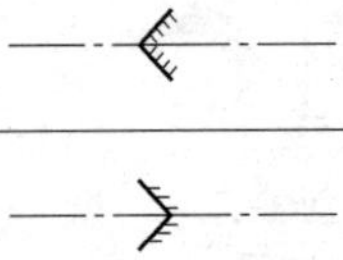	上图表示脊线 下图表示谷线
30	洪水淹没线	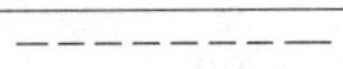 — — — — —	洪水最高水位以文字标注
31	地表排水方向		—
32	截水沟	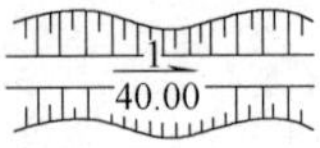 40.00	"1"表示 1‰ 的沟底纵向坡度, "40.00"表示变坡点间距,箭头表示水 流方向

续表

序号	名　称	图　例	备　注
33	排水明沟	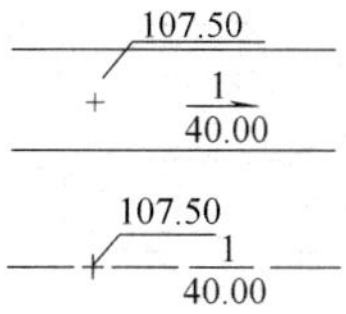 107.50 1/40.00　107.50 1/40.00	上图用于比例较大的图面 下图用于比例较小的图面 "1"表示1‰的沟底纵向坡度,"40.00"表示变坡点间距离,箭头表示水流方向 "107.50"表示沟底变坡点标高(变坡点以"+"表示)
34	有盖板的排水沟	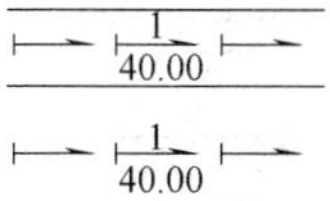 1/40.00　1/40.00	—
35	雨水口	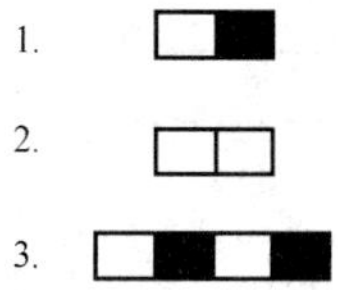 1.　2.　3.	1. 雨水口 2. 原有雨水口 3. 双落式雨水口
36	消火栓井		—
37	急流槽	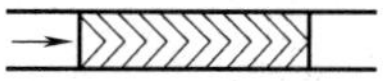	箭头表示水流方向
38	跌水	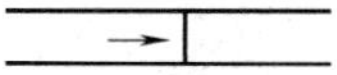	
39	拦水(闸)坝	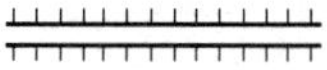	—
40	透水路堤	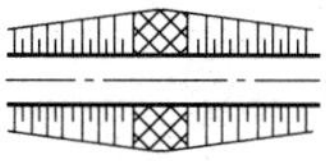	边坡较长时,可在一端或两端局部表示
41	过水路面		—
42	室内地坪标高	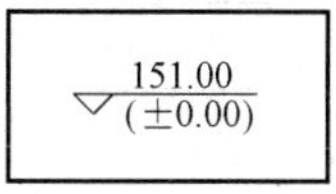 151.00 (±0.00)	数字平行于建筑物书写
43	室外地坪标高	 143.00	室外标高也可采用等高线
44	盲道	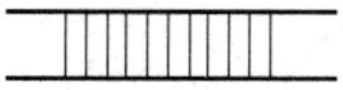	—
45	地下车库入口	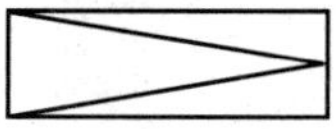	机动车停车场
46	地面露天停车场	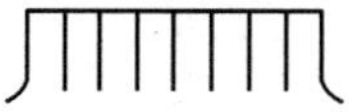	—
47	露天机械停车场	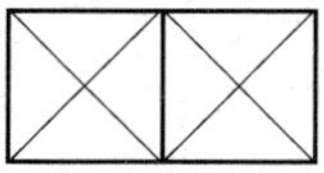	露天机械停车场

（2）道路与铁路图例见表1-7。

道路与铁路图例　　　　　　　　　　　表1-7

序号	名　称	图　例	备　注
1	新建的道路		"$R=6.00$"表示道路转弯半径；"107.50"为道路中心交叉点设计标高，两种表示方法均可，同一图纸采用一种方式表示；"100.00"为变坡点之间距离，"0.30%"表示道路的坡度，→表示坡向
2	道路断面		1. 双坡立道牙 2. 单坡立道牙 3. 双坡平道牙 4. 单坡平道牙
3	原有道路		—
4	计划扩建的道路		—
5	拆除的道路		—
6	人行道		—
7	道路曲线段	JD $\alpha=95°$ $R=50.00$ $T=60.00$ $L=105.00$	主干道宜标以下内容： JD为曲线转折点，编号应标坐标 α为交角 T为切线长 L为曲线长 R为中心线转弯半径 其他道路可标转折点、坐标及半径
8	道路隧道		—
9	汽车衡		—

续表

序号	名　　称	图　　例	备　　注
10	汽车洗车台	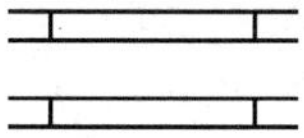 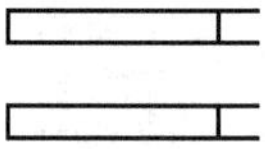	上图为贯通式 下图为尽头式
11	运煤走廊	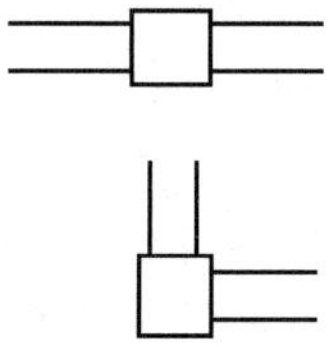	—
12	新建的标准轨距铁路		—
13	原有的标准轨距铁路		—
14	计划扩建的标准轨距铁路		—
15	拆除的标准轨距铁路		—
16	新建的窄轨铁路	 GJ762	—
17	拆除的窄轨铁路	 GJ762	"GJ762"为轨距(以 mm 计)
18	新建的标准轨距电气铁路		—
19	原有的标准轨距电气铁路	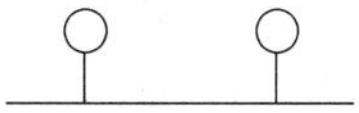	—
20	计划扩建的标准轨距 电气铁路		—
21	拆除的标准轨距电气铁路		—
22	原有车站	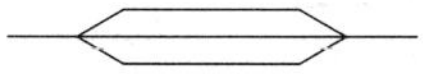	—
23	拆除原有车站		—
24	新设计车站		—
25	规划的车站		—
26	工矿企业车站	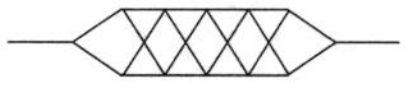	—
27	单开道岔	 n	"1/n"表示道岔号数 "n"表示道岔号
28	单式对称道岔	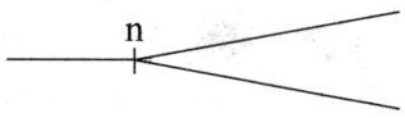 n	

续表

序号	名 称	图 例	备 注
29	单式交分道岔	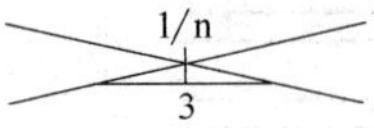 1/n 3	"1/n"表示道岔号数 "n"表示道岔号
30	复式交分道岔	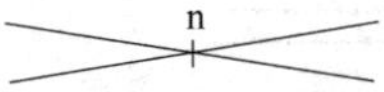 n	
31	交叉渡线	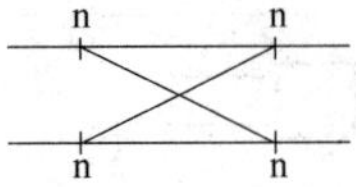 n　　n n　　n	—
32	菱形交叉		—
33	车挡	 	上图为土堆式 下图为非土堆式
34	警冲标	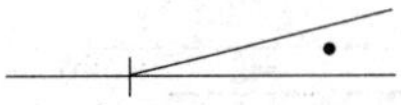	—
35	坡度标	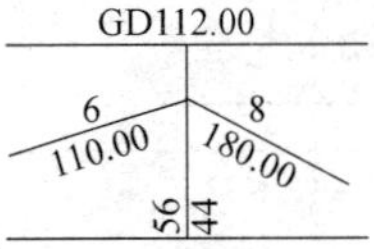 GD112.00 6　　8 110.00　180.00 56　44	"GD 112.00"为轨顶标高,"6"、"8"表示纵向坡度为 6‰、8‰,倾斜方向表示坡向,"110.00"、"180.00"为变坡点间距离,"56"、"44"为至前后百尺标距离
36	铁路曲线段	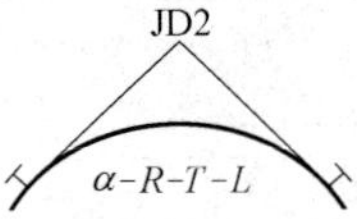 JD2 α-R-T-L	"JD2"为曲线转折点编号,"α"为曲线转向角,"R"为曲线半径,"T"为切线长,"L"为曲线长
37	轨道衡	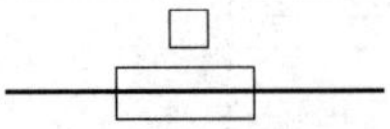	粗线表示铁路
38	站台		—
39	煤台	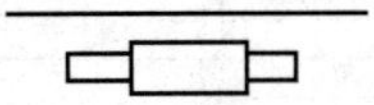	
40	灰坑或检查坑	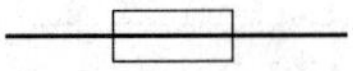	粗线表示铁路
41	转盘		
42	高柱色灯信号机	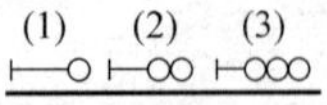 (1)　(2)　(3)	(1)表示出站、预告 (2)表示进站 (3)表示驼峰及复式信号
43	矮柱色灯信号机	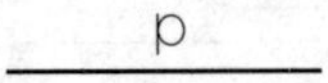 p	—
44	灯塔	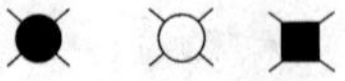 ● ○ ■	左图为钢筋混凝土灯塔 中图为木灯塔 右图为铁灯塔

序号	名 称	图 例	备 注
45	灯桥	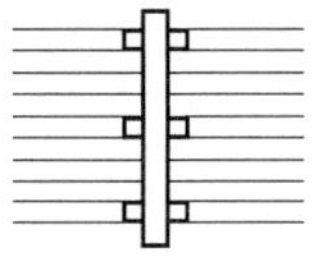	—
46	铁路隧道		—
47	涵洞、涵管	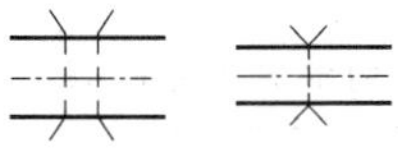	上图为道路涵洞、涵管,下图为铁路涵洞、涵管 左图用于比例较大的图面,右图用于比例较小的图面
48	桥梁	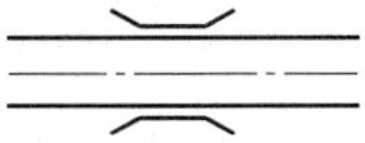	用于旱桥时应注明 上图为公路桥,下图为铁路桥
49	跨线桥	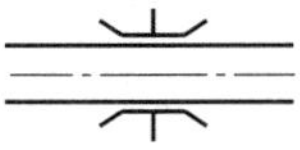	道路跨铁路
		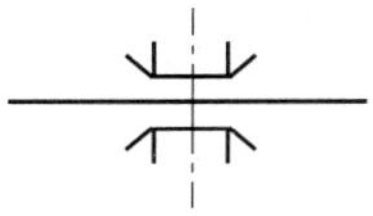	铁路跨道路
		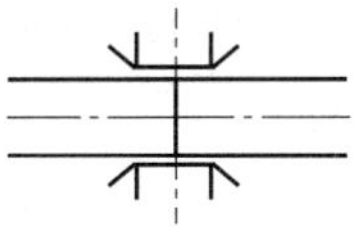	道路跨道路
		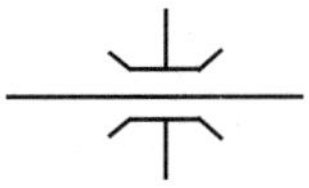	铁路跨铁路
50	码头		上图为固定码头 下图为浮动码头
51	运行的发电站		—
52	规划的发电站	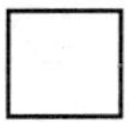	—
53	规划的变电站、配电所	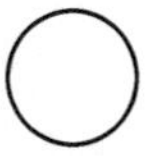	—
54	运行的变电站、配电所	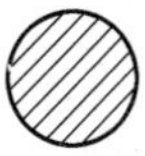	—

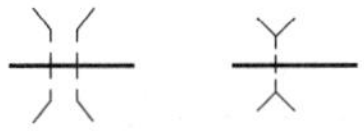

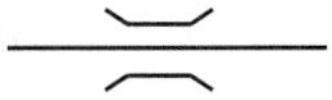

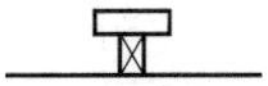

1.2　城市规划图图例符号

1.2.1　用地分类和代码

1. 城乡用地分类

市域内城乡用地共分为两大类、8 中类、17 小类。城乡用地分类和代码应符合表 1-8 的规定。

城乡用地分类和代码　　　　　　　　　　　　表 1-8

大类	中类	小类	类别名称	范围
H			建设用地	包括城乡居民点建设用地、区域交通设施用地、区域公用设施用地、特殊用地、采矿用地等
	H1		城乡居民点建设用地	城市、镇、乡、村庄以及独立的建设用地
		H11	城市建设用地	城市和县人民政府所在地镇内的居住用地、公共管理与公共服务用地、商业服务业设施用地、工业用地、物流仓储用地、交通设施用地、公用设施用地、绿地
		H12	镇建设用地	非县人民政府所在地镇的建设用地
		H13	乡建设用地	乡人民政府驻地的建设用地
		H14	村庄建设用地	农村居民点的建设用地
		H15	独立建设用地	独立于中心城区、乡镇区、村庄以外的建设用地,包括居住、工业、物流仓储、商业服务业设施以及风景名胜区、森林公园等的管理及服务设施用地
	H2		区域交通设施用地	铁路、公路、港口、机场和管道运输等区域交通运输及其附属设施用地,不包括中心城区的铁路客货运站、公路长途客货运站以及港口客运码头
		H21	铁路用地	铁路编组站、线路等用地
		H22	公路用地	高速公路、国道、省道、县道和乡道用地及附属设施用地
		H23	港口用地	海港和河港的陆域部分,包括码头作业区、辅助生产区等用地
		H24	机场用地	民用及军民合用的机场用地,包括飞行区、航站区等用地
		H25	管道运输用地	运输煤炭、石油和天然气等地面管道运输用地
	H3		区域公用设施用地	为区域服务的公用设施用地,包括区域性能源设施、水工设施、通信设施、殡葬设施、环卫设施、排水设施等用地
	H4		特殊用地	特殊性质的用地
		H41	军事用地	专门用于军事目的的设施用地,不包括部队家属生活区和军民共用设施等用地
		H42	安保用地	监狱、拘留所、劳改场所和安全保卫设施等用地,不包括公安局用地
	H5		采矿用地	采矿、采石、采沙、盐田、砖瓦窑等地面生产用地及尾矿堆放地

续表

类别代码			类别名称	范 围
大类	中类	小类		
E			非建设用地	水域、农林等非建设用地
	E1		水域	河流、湖泊、水库、坑塘、沟渠、滩涂、冰川及永久积雪，不包括公园绿地及单位内的水域
		E11	自然水域	河流、湖泊、滩涂、冰川及永久积雪
		E12	水库	人工拦截汇集而成的总库容不小于 10 万 m^3 的水库正常蓄水位岸线所围成的水面
		E13	坑塘沟渠	蓄水量小于 10 万 m^3 的坑塘水面和人工修建用于引、排、灌的渠道
	E2		农林用地	耕地、园地、林地、牧草地、设施农用地、田坎、农村道路等用地
	E3		其他非建设用地	空闲地、盐碱地、沼泽地、沙地、裸地、不用于畜牧业的草地等用地
		E31	空闲地	城镇、村庄、独立地内部尚未利用的土地
		E32	其他未利用地	盐碱地、沼泽地、沙地、裸地、不用于畜牧业的草地等用地

2. 城市建设用地分类

城市建设用地共分为 8 大类、35 中类、44 小类。城市建设用地分类和代码应符合表 1-9 的规定。

城市建设用地分类和代码   表 1-9

类别代码			类别名称	范 围
大类	中类	小类		
R			建设用地	包括城乡居民点建设用地、区域交通设施用地、区域公用设施用地、特殊用地、采矿用地等
	R1		一类居住用地	公用设施、交通设施和公共服务设施齐全、布局完整、环境良好的低层住区用地
		R11	住宅用地	住宅建筑用地、住区内城市支路以下的道路、停车场及其社区附属绿地
		R12	服务设施用地	住区主要公共设施和服务设施用地，包括幼托、文化体育设施、商业金融、社区卫生服务站、公用设施等用地，不包括中小学用地
	R2		二类居住用地	公用设施、交通设施和公共服务设施较齐全、布局较完整、环境良好的多、中、高层住区用地
		R20	保障性住宅用地	住宅建筑用地、住区内城市支路以下的道路、停车场及其社区附属绿地
		R21	住宅用地	
		R22	服务设施用地	住区主要公共设施和服务设施用地，包括幼托、文化体育设施、商业金融、社区卫生服务站、公用设施等用地，不包括中小学用地

类别代码			类别名称	范　围
大类	中类	小类		
R	R3		三类居住用地	公用设施、交通设施不齐全,公共服务设施较欠缺,环境较差,需要加以改造的简陋住区用地,包括危房、棚户区、临时住宅等用地
		R31	住宅用地	住宅建筑用地、住区内城市支路以下的道路、停车场及其社区附属绿地
		R32	服务设施用地	住区主要公共设施和服务设施用地,包括幼托、文化体育设施、商业金融、社区卫生服务站、公用设施等用地,不包括中小学用地
A			公共管理与公共服务用地	行政、文化、教育、体育、卫生等机构和设施的用地,不包括居住用地中的服务设施用地
	A1		行政办公用地	党政机关、社会团体、事业单位等机构及其相关设施用地
	A2		文化设施用地	图书、展览等公共文化活动设施用地
		A21	图书、展览设施用地	公共图书馆、博物馆、科技馆、纪念馆、美术馆和展览馆、会展中心等设施用地
		A22	文化活动设施用地	综合文化活动中心、文化馆、青少年宫、儿童活动中心、老年活动中心等设施用地
	A3		教育科研用地	高等院校、中等专业学校、中学、小学、科研事业单位等用地,包括为学校配建的独立地段的学生生活用地
		A31	高等院校用地	大学、学院、专科学校、研究生院、电视大学、党校、干部学校及其附属用地,包括军事院校用地
		A32	中等专业学校用地	中等专业学校、技工学校、职业学校等用地,不包括附属于普通中学内的职业高中用地
		A33	中小学用地	中学、小学用地
		A34	特殊教育用地	聋、哑、盲人学校及工读学校等用地
		A35	科研用地	科研事业单位用地
	A4		体育用地	体育场馆和体育训练基地等用地,不包括学校等机构专用的体育设施用地
		A41	体育场馆用地	室内外体育运动用地,包括体育场馆、游泳场馆、各类球场及其附属的业余体校等用地
		A42	体育训练用地	为各类体育运动专设的训练基地用地
	A5		医疗卫生用地	医疗、保健、卫生、防疫、康复和急救设施等用地
		A51	医院用地	综合医院、专科医院、社区卫生服务中心等用地
		A52	卫生防疫用地	卫生防疫站、专科防治所、检验中心和动物检疫站等用地
		A53	特殊医疗用地	对环境有特殊要求的传染病、精神病等专科医院用地
		A59	其他医疗卫生用地	急救中心、血库等用地
	A6		社会福利设施用地	为社会提供福利和慈善服务的设施及其附属设施用地,包括福利院、养老院、孤儿院等用地
	A7		文物古迹用地	具有历史、艺术、科学价值且没有其他使用功能的建筑物、构筑物、遗址、墓葬等用地

类别代码			类别名称	范围
大类	中类	小类		
A	A8		外事用地	外国驻华使馆、领事馆、国际机构及其生活设施等用地
	A9		宗教设施用地	宗教活动场所用地
B			商业服务业设施用地	各类商业、商务、娱乐康体等设施用地,不包括居住用地中的服务设施用地以及公共管理与公共服务用地内的事业单位用地
	B1		商业设施用地	各类商业经营活动及餐饮、旅馆等服务业用地
		B11	零售商业用地	商铺、商场、超市、服装及小商品市场等用地
		B12	农贸市场用地	以农产品批发、零售为主的市场用地
		B13	餐饮业用地	饭店、餐厅、酒吧等用地
		B14	旅馆用地	宾馆、旅馆、招待所、服务型公寓、度假村等用地
	B2		商务设施用地	金融、保险、证券、新闻出版、文艺团体等综合性办公用地
		B21	金融保险业用地	银行及分理处、信用社、信托投资公司、证券期货交易所、保险公司,以及各类公司总部及综合性商务办公楼宇等用地
		B22	艺术传媒产业用地	音乐、美术、影视、广告、网络媒体等的制作及管理设施用地
		B29	其他商务设施用地	邮政、电信、工程咨询、技术服务、会计和法律服务以及其他中介服务等的办公用地
	B3		娱乐康体用地	各类娱乐、康体等设施用地
		B31	娱乐用地	单独设置的剧院、音乐厅、电影院、歌舞厅、网吧以及绿地率小于65%的大型游乐等设施用地
		B32	康体用地	单独设置的高尔夫练习场、赛马场、溜冰场、跳伞场、摩托车场、射击场,以及水上运动的陆域部分等用地
	B4		公用设施营业网点用地	零售加油、加气、电信、邮政等公用设施营业网点用地
		B41	加油加气站用地	零售加油、加气以及液化石油气换瓶站用地
		B49	其他公用设施营业网点用地	电信、邮政、供水、燃气、供电、供热等其他公用设施营业网点用地
	B9		其他服务设施用地	业余学校、民营培训机构、私人诊所、宠物医院等其他服务设施用地
M			工业用地	工矿企业的生产车间、库房及其附属设施等用地,包括专用的铁路、码头和道路等用地,不包括露天矿用地
	M1		一类工业用地	对居住和公共环境基本无干扰、污染和安全隐患的工业用地
	M2		二类工业用地	对居住和公共环境有一定干扰、污染和安全隐患的工业用地
	M3		三类工业用地	对居住和公共环境有严重干扰、污染和安全隐患的工业用地

续表

类别代码			类别名称	范围
大类	中类	小类		
W			物流仓储用地	物资储备、中转、配送、批发、交易等的用地,包括大型批发市场以及货运公司车队的站场(不包括加工)等用地
	W1		一类物流仓储用地	对居住和公共环境基本无干扰、污染和安全隐患的物流仓储用地
	W2		二类物流仓储用地	对居住和公共环境有一定无干扰、污染和安全隐患的物流仓储用地
	W3		三类物流仓储用地	存放易燃、易爆和剧毒等危险品的专用仓库用地
S			交通设施用地	城市道路、交通设施等用地
	S1		城市道路用地	快速路、主干路、次干路和支路用地,包括其交叉路口用地,不包括居住用地、工业用地等内部配建的道路用地
	S2		轨道交通线路用地	轨道交通地面以上部分的线路用地
	S3		综合交通枢纽用地	铁路客货运站、公路长途客货运站、港口客运码头、公交枢纽及其附属用地
	S4		交通场站用地	静态交通设施用地,不包括交通指挥中心、交通队用地
		S41	公共交通设施用地	公共汽车、出租汽车、轨道交通(地面部分)的车辆段、地面站、首末站、停车场(库)、保养场等用地,以及轮渡、缆车、索道等的地面部分及其附属设施用地
		S42	社会停车场用地	公共使用的停车场和停车库用地,不包括其他各类用地配建的停车场(库)用地
	S9		其他交通设施用地	除以上之外的交通设施用地,包括教练场等用地
U			公用设施用地	供应、环境、安全等设施用地
	U1		供应设施用地	供水、供电、供燃气和供热等设施用地
		U11	供水用地	城市取水设施、水厂、加压站及其附属的构筑物用地,包括泵房和高位水池等用地
		U12	供电用地	变电站、配电所、高压塔基等用地,包括各类发电设施用地
		U13	供燃气用地	分输站、门站、储气站、加气母站、液化石油气储配站、灌瓶站和地面输气管廊等用地
		U14	供热用地	集中供热锅炉房、热力站、换热站和地面输热管廊等用地
		U15	邮政设施用地	邮政中心局、邮政支局、邮件处理中心等用地
		U16	广播电视与通信设施用地	广播电视与通信系统的发射和接收设施等用地,包括发射塔、转播台、差转台、基站等用地
	U2		环境设施用地	雨水、污水、固体废物处理和环境保护等的公用设施及其附属设施用地
		U21	排水设施用地	雨水、污水泵站、污水处理、污泥处理厂等及其附属的构筑物用地,不包括排水河渠用地
		U22	环卫设施用地	垃圾转运站、公厕、车辆清洗站、环卫车辆停放修理厂等用地
		U23	环保设施用地	垃圾处理、危险品处理、医疗垃圾处理等设施用地

续表

类别代码			类别名称	范　围
大类	中类	小类		
U	U3		安全设施用地	消防、防洪等保卫城市安全的公用设施及其附属设施用地
		U31	消防设施用地	消防站、消防通信及指挥训练中心等设施用地
		U32	防洪设施用地	防洪堤、排涝泵站、防洪枢纽、排洪沟渠等防洪设施用地
	U9		其他公用设施用地	除以上之外的公用设施用地,包括施工、养护、维修设施等用地
G			绿地	公园绿地、防护绿地等开放空间用地,不包括住区、单位内部配建的绿地
	G1		公园绿地	向公众开放,以游憩为主要功能,兼具生态、美化、防灾等作用的绿地
	G2		防护绿地	城市中具有卫生、隔离和安全防护功能的绿地,包括卫生隔离带、道路防护绿地、城市高压走廊绿带等
	G3		广场绿地	以硬质铺装为主的城市公共活动场地

1.2.2　用地图例

(1) 用地图例应能表示地块的使用性质。

(2) 用地图例应分彩色图例、单色图例两种。彩色图例应用于彩色图;单色图例应用于双色图,黑、白图,复印或晒蓝的底图或彩色图的底纹、要素图例与符号等。

(3) 城市规划图中用地图例的选用和绘制应符合表1-10的规定,彩色用地图例按用地类别分为十类,对应于现行国家标准《城市用地分类与规划建设用地标准》GB 50137—2011中的大类。中类、小类彩色用地图例在大类主色调内选色,在大类主色调内选择有困难时应按(5)的规定执行。

彩色用地图例　　　　表1-10

代号	颜　色	颜色名称	说　明
R	Y100 M10	中铬黄	居住用地
C	Y80 M100	大红	公共设施用地
M	Y100 M60 C20 BL35	熟褐	工业用地
W	M100 C80	紫	仓储用地

续表

代号	颜　色	颜色名称	说　明
T	BL40	中灰	对外交通用地
S	Y0 M0 C0 BL0	白	道路广场用地
U	Y60 M70 C30	赭石	市政设施用地
G	Y40 C40	中草绿	绿地
D	C50 M10 Y40 BL30	草	要特殊用地
E E1	Y30 C10 C20	淡绿 淡蓝	其他用地 水域

注：本表中颜色一栏里所写的 Y 代表黄色，M 代表红色，C 代表青色，BL 代表黑色；数字代表色彩浓度值。制图软件 Photoshop 中可查到。

（4）城市规划图中，单色用地图例的选用和绘制应符合表 1-11 的规定。单色用地图例按用地类别分为十类，对应现行国家标准《城市用地分类与规划建设用地标准》GB 50137—2011 中的十大类。中类、小类用地图例应按（5）的规定执行。

单色用地图例　　　　　　　　　表 1-11

代号	图　式	说　明
R	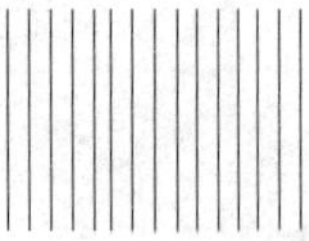	居住用地 $b/4+@$ b 为线粗，@为间距由绘者自定(下同)
C		公共设施用地 $(b/2+2@)+(b+2@)$
M	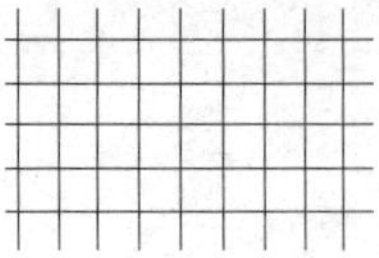	工业用地 $(b/4+2@)\times(b/4+2@)$

续表

代 号	图 式	说 明
W		仓储用地 $(b+2@)×(b/4+2@)$
T		对外交通用地 $b/2$
S		道路广场用地 $b/2$
U		市政公用设施用地 $b+2@$
G		绿地 小圆点 $2@×2@$错位
D		特殊用地 $(@+b/4)+(@+b/4)+(@+b/4)+(@+b)+……$
E		水域和其他用地 $(2@+b/2)+(2@+b/2)$短画长度自定,错位。符号错位

（5）总体规划图中需要表示到中类、小类用地时，可在相应的大类图式中加绘圆圈，并在圆圈内加注用地类别代号（图 1-10）。

二类居住用地   二类居住用地中的住宅用地

图 1-10 中类、小类用地的表示

1.2.3 规划要素图例

（1）城市规划的规划要素图例应用于各类城市规划图中表示城市现状、规划要素与规划内容。

（2）城市规划图中规划要素图例的选用宜符合表 1-12 的规定。规划要素图例与符号为单色图例。

城市规划要素图例　　　表 1-12

图　例	名　称	说　明
城镇		
◎ · · · 6	直辖市	数字尺寸单位:mm(下同)
⊙ · · · 6	省会城市	也适用于自治区首府
◎ · · · 4	地区行署驻地城市	也适用于盟、州、自治州首府
◉　⬤ · · · 4	副省级城市、地级城市	
⬤ · · · 4	县级市	县级设市城市
⬤ · · 2	县城	县(旗)人民政府所在地镇
⊙ · · 2	镇	镇人民政府驻地
行政区界		
4号界碑 5.0 ··· 1.0 3.6 0.8	国界	界桩、界碑、界碑编号数字单位:mm(下同)
5.0 0.6 ─ ─ ─ 4.0	省界	也适用于直辖市、自治区界
5.0 0.4 ─ ─ ─ 3.0 2.0	地区界	也适用于地级市、盟、州界
3.0 0.3 ─ ─ ─ 5.0	县界	也适用于县级市、旗、自治县界
3.0 3.0 0.2 ─ ·· ─ ─ 5.0	镇界	也适用于乡界、工矿区界
1.0 0.4 ─ ─ ─ 4.0	通用界线(1)	适用于城市规划区界、规划用地界、地块界、开发区界、文物古迹用地界、历史地段界、城市中心区范围等等

图　例	名　称	说　明
0.2 ——— 2.0 8.0	通用界线（2）	适用于风景名胜区、风景旅游地等地名要写全称
民用 军用	机场	适用于民用机场 适用于军用机场
	码头	500 吨位以上码头
干线 10.0 支线 地方线	铁路	站场部分加宽
G04(二)	公路	G——国道（省、县道写省、县） 104——公路编号 （二）——公路等级（高速、一、二、三、四）
	公路客运站	
	公路用地	
地形、地质		
i_3　i_2　i_1	坡度标准	

续表

图　例	名　称	说　明
	滑坡区	虚线内为滑坡范围
	崩塌区	
	溶洞区	
	泥石流区	小点之内示意泥石流边界
	地下采空区	小点围合以内示意地下采空区范围
	地面沉降区	小点围合以内示意地面沉降范围
	活动性地下断裂带	符号交错部位是活动性地下断裂带
	地震烈度	×用阿拉伯数字表示地震烈度等级
	灾害异常区	小点围合之内为灾害异常区范围
Ⅰ　Ⅱ　Ⅲ	地质综合廉价类别	Ⅰ——适宜修建地区 Ⅱ——采取工程措施方能修建地区 Ⅲ——不宜修建地区

续表

图 例	名 称	说 明
城镇体系		
城镇规模等级 50 20 10 5 2	城镇规模等级	单位:万人
⊥	城镇职能等级	分为:工、贸、交、综等
郊区规划		
2 0.2	村镇居民点	居民点用地范围应标明地区
2 0.2	村镇居民规划集居点	居民点用地范围应标明地区
（水源地图例）	水源地	应标明水源地地名
（危险品库区图例）	危险品库区	应标明库内地名
（火葬场图例）	火葬场	应标明火葬场所在地区
（公墓图例）	公墓	应标明公墓所在地区
（垃圾处理消纳地图例）	垃圾处理消纳地	应标明消纳地所在地名
↓ ↓ ↓ ↓ ↓	农业生产用地	不分种植物的种类

图　例	名　称	说　明
	禁止建设的绿色空间	
	基本农田保护区	经与土地利用总体规划协调后的范围
城市交通		
	快速路	
	城市轨道交通线路	包括:地面的轻轨、有轨电车……地下的地下铁道……
	主干路	
	次干路	
	支路	
	广场	应标明广场名称
	停车场	应标明停车场名称
	加油站	
	公交车场	应标明公交车场名称
	换乘枢纽	应标明换乘枢纽名称

续表

图　例	名　称	说　明
给水、排水、消防		
	水源井	应标明水源井名称
	水厂	应标明水厂名称、制水能力
	给水泵站(加压站)	应标明泵站名称
	高位水池	应标明高位水池名称、容量
	贮水池	应标明贮水池名称、容量
	给水管道(消火栓)	小城市标明 100mm 以上管道、管径,大中城市根据实际可以放宽
119	消防站	应标明消防站名称
	雨水管道	小城市标明 250mm 以上管道、管径,大中城市根据实际可以放宽
	污水管道	小城市标明 250mm 以上管道、管径,大中城市根据实际可以放宽
	雨、污水排放口	
	雨、污泵站	应标明泵站名称
	污水处理厂	应标明污水处理厂名称

续表

图　例	名　称	说　明
电力、电信		
kW	电源厂	kW 之前写上电源厂的规模容量值
kW kV　　kV	变电站	kW 之前写上变电总容量 kV 之前写上前后电压值
kV 地	输、配电线路	kV 之前写上输、配电线路电压值方框内:地——地埋,空——架空
kV　　· · · · · P	高压走廊	P 宽度按高压走廊宽度填写 kV 之前写上线路电压值
◯	电信线路	
电信局 支局 所	电信局 支局 所	应标明局、支局、所的名称
	收、发讯区	
	微波通道	
	邮政局、所	应标明局、所的名称
	邮件处理中心	
燃气		
R	气源厂	应标明气源厂名称
DN 压　　R	输气管道	DN——输气管道管径 压——压字之前填高压、中压、低压
R_C m³	储气站	应标明储气站名称、容量

续表

图　例	名　称	说　明
R_T	调压站	应标明调压站名称
R_Z	门站	应标明门站地名
R_a	气化站	应标明气化站名称
绿化		
	苗圃	应标明苗圃名称
	花圃	应标明花圃名称
	专业植物园	应标明专业植物园全称
	防护林带	应标明防护林带名称
环卫、环保		
	垃圾转运站	应标明垃圾转运站名称
	环卫码头	应标明环卫码头名称
	垃圾无害化处理厂(场)	应标明处理厂(场)名称
	贮粪池	应标明贮粪池名称
	车辆清洗站	应标明清洗站名称

续表

图　例	名　称	说　明
H	环卫机构用地	
HP	环卫车场	
HX	环卫人员休息场	
HS	水上环卫站（场、所）	
WC	公共厕所	
	气体污染源	
	液体污染源	
	固体污染源	
	污染扩散范围	
	烟尘控制范围	
	规划环境标准分区	
防洪		
m³	水库	应标明水库全称 m³ 之前应标明水库容量

续表

图　例	名　称	说　明
P50	防洪堤	应标明防洪标准
闸门	闸门	应标明闸门口宽、闸名
排涝泵站	排涝泵站	应标明泵站名称、朝向排出口
泄洪道 →	泄洪道	
滞洪区	滞洪区	
人防		
人防	单独人防工程区域	指单独设置的人防工程
人防	附建人防工程区域	虚线部分指附建于其他建筑物、构筑物底下的人防工程
人防	指挥所	应标明指挥所名称
警报器	升降警报器	应标明警报器代号
	防护分区	应标明分区名称
人防	人防出入口	应标明出入口名称
	疏散道	

图 例	名 称	说 明
历史文化保护		
国保	国家级文物保护单位	标明公布的文物保护单位名称
省保	省级文物保护单位	标明公布的文物保护单位名称
市县保	市县级文物保护单位	标明公布的文物保护单位名称,市、县保是同一级别,一般只写市保或县保
文保	文物保护范围	指文物本身的范围
建设控制地带	文物建设控制地带	文字标在建设控制地带内
50m 30m	建设高度控制区域	控制高度以 m 为单位,虚线为控制区的边界线
古城墙图例	古城墙	与古城墙同长
古建筑图例	古建筑	应标明古建筑名称
××遗址	古遗址范围	应标明遗址名称

1.3 道路工程常用图例

1.3.1 道路工程常用图例

道路工程常用图例见表 1-13。

道路工程常用图例   表 1-13

项目	序号	名　称	图　例
平面	1	涵洞	
	2	通道	
	3	分离式立交 (a)主线上跨 (b)主线下穿	(a) (b)
	4	桥梁 (大、中桥按实际长度绘)	
	5	互通式立交 (按采用形式绘)	
	6	隧道	
	7	养护机构	
	8	管理机构	
	9	防护网	
	10	防护栏	
	11	隔离墩	
纵断	12	箱涵	
	13	管涵	
	14	盖板涵	
	15	拱涵	
	16	箱形通道	
	17	桥梁	

续表

项目	序号	名　称	图　例
纵断	18	分离式立交 (a)主线上跨 (b)主线下穿	(a) (b)
	19	互通式立交 (a)主线上跨 (b)主线下穿	(a) (b)
材料	20	细粒式沥青混凝土	
	21	中粒式沥青混凝土	
	22	粗粒式沥青混凝土	
	23	沥青碎石	
	24	沥青贯入碎砾石	
	25	沥青表面处置	
	26	水泥混凝土	
	27	钢筋混凝土	
	28	水泥稳定土	
	29	水泥稳定砂砾	

续表

项目	序号	名　　称	图　例
材料	30	水泥稳定砾石	
	31	石灰土	
	32	石灰粉煤灰	
	33	石灰粉煤灰土	
	34	石灰粉煤灰砂砾	
	35	石灰粉煤灰碎砾石	
	36	泥结碎砾石	
	37	泥灰结碎砾石	
	38	级配碎砾石	
	39	填隙碎石	
	40	天然砂砾	
	41	干砌片石	
	42	浆砌片石	
	43	浆砌块石	
	44	木材　横 纵	

续表

项目	序号	名　称	图　例
材料	45	金属	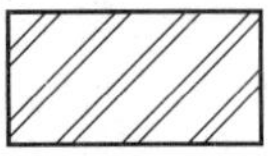
	46	橡胶	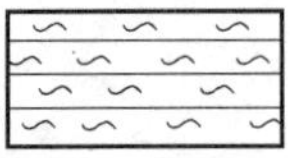
	47	自然土壤	
	48	夯实土壤	

1.3.2　市政路面结构材料断面图常用图例

市政路面结构材料断面图常用图例见表1-14。

市政路面结构材料断面图常用图例　　　　表 1-14

名　称	图　例	名　称	图　例
单层式沥青表面处理	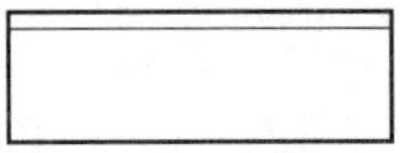	碎石、破碎砾石	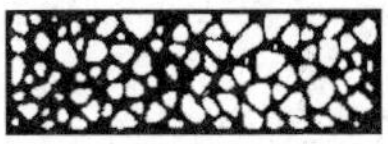
双层式沥青表面处理	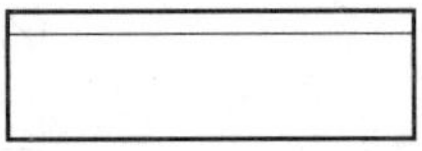	粗砂	
沥青砂黑色石屑（封面）	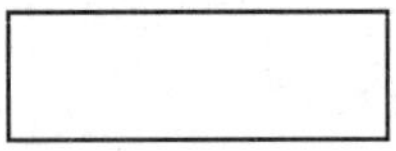	焦渣	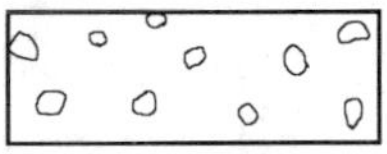
黑色石屑碎石	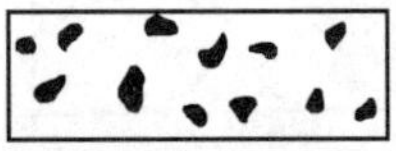	石灰土	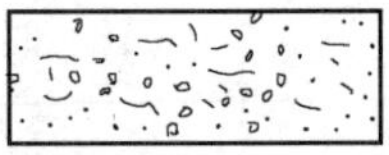
沥青碎石	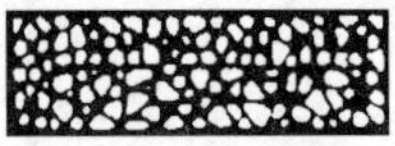	石灰焦渣土	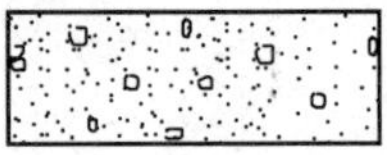
沥青混凝土	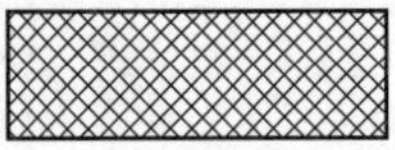	矿渣	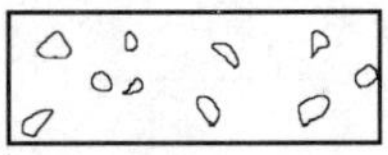
水泥混凝土		级配砂石	
加筋水泥混凝土	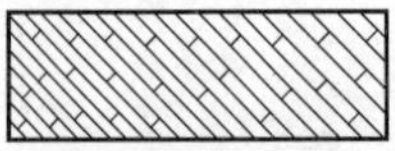	水泥稳定土或其他加固土	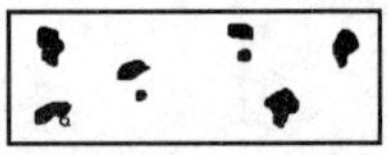
级配砾石	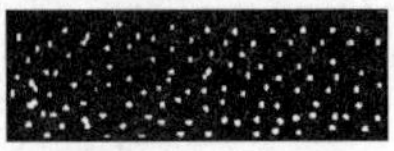	浆砌块石	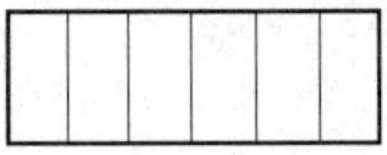

1.4 给水排水工程常用图例

1.4.1 管道与管件

（1）管道类别应以汉语拼音字母表示，管道图例宜符合表 1-15 的要求。

管道图例　　　　　　　　　　　　　　表 1-15

序号	名　称	图　例	备　注
1	生活给水管	—— J ——	—
2	热水给水管	—— RJ ——	—
3	热水回水管	—— RH ——	—
4	中水给水管	—— ZJ ——	—
5	循环冷却给水管	—— XJ ——	—
6	循环冷却回水管	—— XH ——	—
7	热媒给水管	—— RM ——	—
8	热媒回水管	—— RMH ——	—
9	蒸汽管	—— Z ——	—
10	凝结水管	—— N ——	—
11	废水管	—— F ——	可与中水原水管合用
12	压力废水管	—— YF ——	—
13	通气管	—— T ——	—
14	污水管	—— W ——	—
15	压力污水管	—— YW ——	—
16	雨水管	—— Y ——	—
17	压力雨水管	—— YY ——	—
18	虹吸雨水管	—— HY ——	—
19	膨胀管	—— PZ ——	—
20	保温管	～～～	也可用文字说明保温范围
21	伴热管	—— ——	也可用文字说明保温范围
22	多孔管	↑ ↑ ↑	—
23	地沟管	════	—
24	防护套管	═▭═	—

续表

序号	名 称	图 例	备 注
25	管道立管	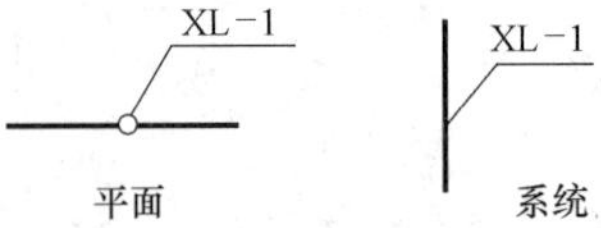 XL-1 平面 XL-1 系统	X 为管道类别 L 为立管 1 为编号
26	空调凝结水管	 —— KN ——	—
27	排水明沟	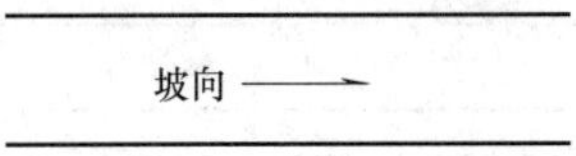 坡向 —→	—
28	排水暗沟	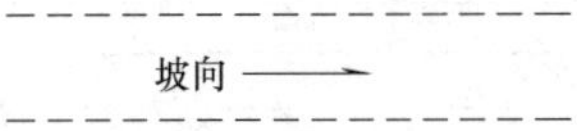 坡向 —→	—

注：1. 分区管道用加注角标方式表示。

2. 原有管线可用比同类型的新设管线细一级的线型表示，并加斜线，拆除管线则加叉线。

（2）管道附件的图例宜符合表 1-16 的要求。

管道附件 　　　　　　　　　　　　　　　　　表 1-16

序号	名 称	图 例	备 注
1	套管伸缩器	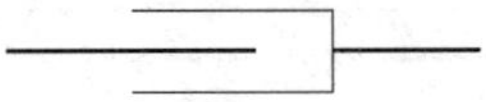	—
2	方形伸缩器	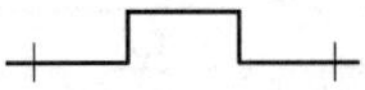	—
3	刚性防水套管	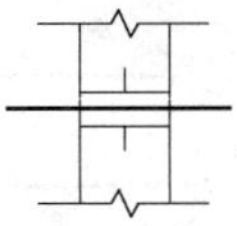	—
4	柔性防水套管	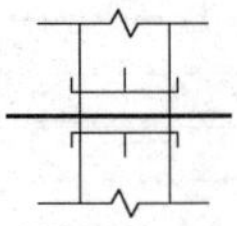	—
5	波纹管	 —▷◁—	—
6	可曲挠橡胶接头	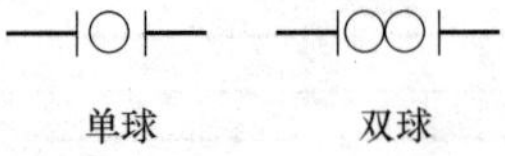 单球　　双球	—
7	管道固定支架	 ※　　　※	—
8	立管检查口		—
9	清扫口	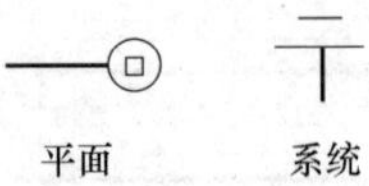 平面　　系统	—

续表

序号	名　称	图　例	备　注
10	通气帽	成品　　蘑菇形	—
11	雨水斗	平面　　系统	—
12	排水漏斗	平面　　系统	—
13	圆形地漏	平面　　系统	通用。如为无水封,地漏应加存水弯
14	方形地漏	平面　　系统	—
15	自动冲洗水箱		—
16	挡墩		—
17	减压孔板		—
18	Y形除污器		—
19	毛发聚集器	平面　　系统	—
20	倒流防止器		—
21	吸气阀		—

续表

序号	名　称	图　例	备　注
22	真空破坏器		—
23	防虫网罩		—
24	金属软管		—

（3）管道连接的图例宜符合表1-17的要求。

管道连接 表 1-17

序号	名　称	图　例	备　注
1	法兰连接		—
2	承插连接		—
3	活接头		—
4	管堵		—
5	法兰堵盖		—
6	盲板		—
7	弯折管	高　低　　　低　高	—
8	管道丁字上接	高 低	—
9	管道丁字下接	高 低	
10	管道交叉	低 高	在下面和后面的管道应断开

（4）管件的图例宜符合表 1-18 的要求。

管件   表 1-18

序号	名称	图 例	序号	名称	图 例
1	偏心异径管		8	90°弯头	
2	同心异径管		9	正三通	
3	乙字管		10	TY 三通	
4	喇叭口		11	斜三通	
5	转动接头		12	正四通	
6	S 形存水弯		13	斜四通	
7	P 形存水弯		14	浴盆排水管	

1.4.2 阀门

阀门的图例宜符合表 1-19 的要求。

阀门   表 1-19

序号	名 称	图 例	备 注
1	闸阀		—
2	角阀		—
3	三通阀		—
4	四通阀		—
5	截止阀		—

续表

序号	名　　称	图　　例	备　　注
6	蝶阀		—
7	电动闸阀		—
8	液动闸阀		—
9	气动闸阀		—
10	电动蝶阀		—
11	液动蝶阀		—
12	气动蝶阀		—
13	减压阀		左侧为高压端
14	旋塞阀	平面　　系统	—
15	底阀	平面　　系统	—
16	球阀		—
17	隔膜阀		—
18	气开隔膜阀		—
19	气闭隔膜阀		—
20	电动隔膜阀		—

续表

序号	名　称	图　例	备　注
21	温度调节阀		—
22	压力调节阀		—
23	电磁阀		—
24	止回阀		—
25	消声止回阀		—
26	持压阀		—
27	泄压阀		—
28	弹簧安全阀		左侧为通用
29	平衡锤安全阀		—
30	自动排气阀	平面　　系统	—
31	浮球阀	平面　　　系统	—
32	水力液位控制阀	平面　　　　系统	—
33	延时自闭冲洗阀		—

序号	名　称	图　例	备　注
34	感应式冲洗阀		—
35	吸水喇叭口	平面　　系统	—
36	疏水器		—

1.4.3　消防设施

消防设施的图例宜符合表1-20的要求。

消防设施　　　　　　　　　　　　　　表 1-20

序号	名　称	图　例	备　注
1	消火栓给水管	——XH——	—
2	自动喷水灭火给水管	——ZP——	—
3	雨淋灭火给水管	——YL——	—
4	水幕灭火给水管	——SM——	—
5	水炮灭火给水管	——SP——	—
6	室外消火栓		—
7	室内消火栓(单口)	平面　　系统	白色为开启面
8	室内消火栓(双口)	平面　　系统	—
9	水泵接合器		—
10	自动喷洒头(开式)	平面　　系统	—
11	自动喷洒头(闭式)	平面　　系统	下喷

续表

序号	名　称	图　例	备　注
12	自动喷洒头(闭式)	平面　　　系统	上喷
13	自动喷洒头(闭式)	平面　　　系统	上下喷
14	侧墙式自动喷洒头	平面　　　系统	—
15	水喷雾喷头	平面　　　系统	—
16	直立型水幕喷头	平面　　　系统	—
17	下垂型水幕喷头	平面　　　系统	—
18	干式报警阀	平面　　　系统	—
19	湿式报警阀	平面　　　系统	—
20	预作用报警阀	平面　　　系统	—
21	雨淋阀	平面　　　系统	—
22	信号闸阀		—
23	信号蝶阀		—

续表

序号	名　　称	图　　例	备　　注
24	消防炮	 平面　　　系统	—
25	水流指示器		—
26	水力警铃		—
27	末端试水装置	 平面　　　系统	—
28	手提式灭火器		—
29	推车式灭火器		—

注：1. 分区管道用加注角标方式表示。
　　2. 建筑灭火器的设计图例可按照现行国家标准《建筑灭火器配置设计规范》GB 50140—2005 的规定确定。

1.4.4　小型给水排水构筑物

小型给水排水构筑物的图例宜符合表 1-21 的要求。

小型给水排水构筑物 表 1-21

序号	名　　称	图　　例	备　　注
1	矩形化粪池		HC 为化粪池
2	隔油池		YC 为隔油池代号
3	沉淀池		CC 为沉淀池代号
4	降温池		JC 为降温池代号
5	中和池		ZC 为中和池代号

续表

序号	名　称	图　例	备　注
6	雨水口（单算）		—
7	雨水口（双算）	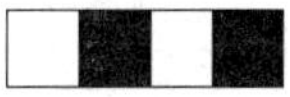	—
8	阀门井及检查井	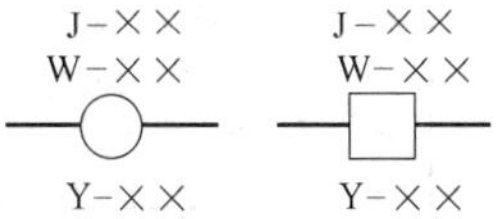 J-×× J-×× W-×× ○ W-×× □ Y-×× Y-××	以代号区别管道
9	水封井		—
10	跌水井	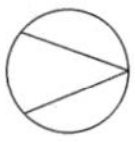	—
11	水表井		—

1.4.5　给水排水设备

给水排水设备的图例宜符合表 1-22 的要求。

给水排水设备　　　　　　　　　　　　　　　　表 1-22

序号	名　称	图　例	备　注
1	卧式水泵	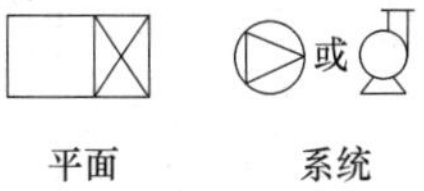 平面　　　系统 或	—
2	立式水泵	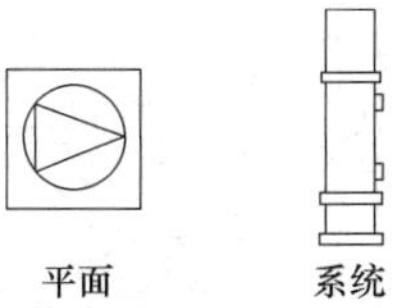 平面　　　系统	—
3	潜水泵	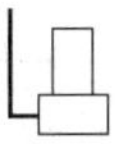	—
4	定量泵	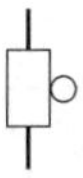	—
5	管道泵	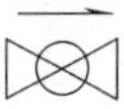	—

续表

序号	名　称	图　例	备　注
6	卧室容积热交换器		—
7	立式容积热交换器		—
8	快速管式热交换器		—
9	板式热交换器		—
10	开水器		—
11	喷射器		小三角为进水端
12	除垢器		—
13	水锤消除器		—
14	搅拌器		—
15	紫外线消毒器	ZWX	—

1.5　供热工程常用图例

1.5.1　管道代号

管道代号应符合表 1-23 的规定。

管道代号 表 1-23

管道名称	代号	管道名称	代号
供热管线(通用)	HP	凝结水管(通用)	C
蒸汽管(通用)	S	有压凝结水管	CP
饱和蒸汽管	S	自流凝结水管	CG
过热蒸汽管	SS	排汽管	EX
二次蒸汽管	FS	给水管(通用)自来水管	W
高压蒸汽管	HS	生产给水管	PW
中压蒸汽管	MS	生活给水管	DW
低压蒸汽管	LS	锅炉给水管	BW
省煤器回水管	ER	溢流管	OF
连续排污管	CB	取样管	SP
定期排污管	PB	排水管	D
冲灰水管	SL	放气管	V
供水管(通用)采暖供水管	H	冷却水管	CW
回水管(通用)采暖回水管	HR	软化水管	SW
一级管网供水管	H1	除氧水管	DA
一级管网回水管	HR1	除盐水管	DM
二级管网供水管	H2	盐液管	SA
二级管网回水管	HR2	酸液管	AP
空调用供水管	AS	碱液管	CA
空调用回水管	AR	亚硫酸钠溶液管	SO
生产热水供水管	P	磷酸三钠溶液管	TP
生产热水回水管(或循环管)	PR	燃油管(供油管)	O
生活热水供水管	DS	回油管	RO
生活热水循环管	DC	污油管	WO
补水管	M	燃气管	G
循环管	CI	压缩空气管	A
膨胀管	E	氮气管	N
信号管	SI	—	—

注:油管代号可用于重油、柴油等;燃气管可用于天然气、煤气、液化气等,但应附加说明。

1.5.2 图形符号及代号

(1) 管系图和流程图中,设备和器具的图形符号应符合表 1-24 的规定。表中未列入的设备和器具可采用简化外形作为图形符号。

设备和器具图形符号　　　　　　　　　　　　　　表 1-24

名　称	图形符号	名　称	图形符号
电动水泵		容积式换热器	
蒸汽往复泵		板式换热器	
调速水泵		螺旋板式换热器	
真空泵		除污器(通用)	
水喷射器 蒸汽喷射器		过滤器	
换热器(通用)		Y形过滤器	
套管式换热器		分汽缸 分(集)水器	
管壳式换热器		水封 单级水封	
多级水封		沉淀罐	
安全水封		取样冷却器	
闭式水箱		离子交换器(通用)	
开式水箱		除砂器	
电磁水处理仪		阻火器	

续表

名 称	图 形 符 号	名 称	图 形 符 号
热力除氧器 真空除氧器		斜板锁气器	
离心式风机		锥式锁气器	
消声器		电动锁气器	

（2）阀门、控制元件和执行机构的图形符号应符合表 1-25 的规定。可利用表 1-25 中的阀门图形符号与控制元件或执行机构图形符号进行组合构成未列出的其他具有控制元件或执行机构的阀门的图形符号。

阀门、控制元件和执行机构的图形符号   表 1-25

名 称	图 形 符 号	名 称	图 形 符 号
阀门（通用）		减压阀	
截止阀		安全阀（通用）	
闸阀		角阀	
蝶阀		三通阀	
节流阀		四通阀	
球阀		止回阀（通用）	
升降式止回阀		插板式煤闸门	
旋启式止回阀		插管式煤闸门	
调节阀（通用）		呼吸阀	
手动调节阀		自力式流量控制阀	
旋塞阀		自力式压力调节阀	

续表

名　称	图形符号	名　称	图形符号
隔膜阀		自力式温度调节阀	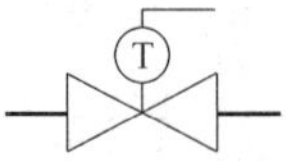
柱塞阀	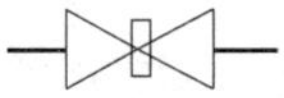	自力式压差调节阀	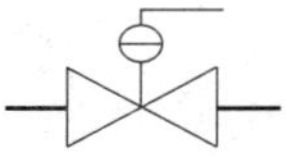
平衡阀	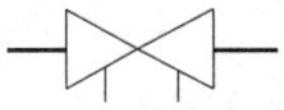	手动执行机构	
底阀		自动执行机构（通用）	
浮球阀	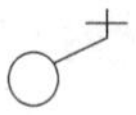	电动执行机构	
防回流污染止回阀		电磁执行机构	
快速排污阀	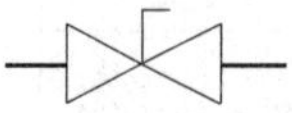	气动执行机构	
疏水阀	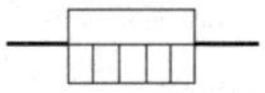	液动执行机构	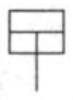
自动排气阀		浮球元件	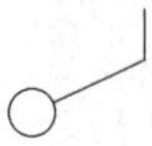
烟风管道手动调节阀	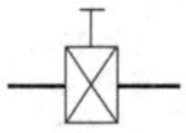	弹簧元件	
烟风管道蝶阀	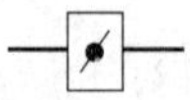	重锤元件	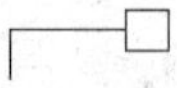
烟风管插板阀	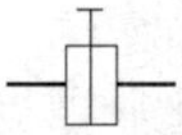	—	

注：1. 阀门（通用）图形符号适用于在一张图中不需要区别阀门类型的情况。
2. 减压阀图形符号中的小三角形为高压端。
3. 止回阀（通用）和升降式止回阀图形符号表示介质由空白三角形流向非空白三角形。
4. 旋启式止回阀图形符号表示介质由黑点流向无黑点方向。
5. 呼吸阀图形符号表示介质由上黑点流向下黑点方向。

（3）阀门与管路连接方式的图形符号应符合表 1-26 的规定。

阀门与管路连接方式的图形符号　　　　　　　表 1-26

名　称	图形符号	名　称	图形符号
通用连接		法兰连接	
焊接连接		螺纹连接	

注：通用连接的图形符号适用于在一张图中不需要区别连接方式的情况。

（4）补偿器的图形符号及其代号应符合表 1-27 的规定。

补偿器图形符号及其代号　　　　　　　　表 1-27

名　称		图形符号		代号
		平面图	纵断面图	
补偿器(通用)				E
方形补偿器	表示管线上补偿器节点			UE
	表示单根管道上的补偿器			
波纹管补偿器	表示管线上补偿器节点			BE
	表示单根管道上的补偿器			
套筒补偿器				SE
球形补偿器				BC
旋转补偿器				RE
一次性补偿器	表示管线上补偿器节点			SC
	表示单根管道上的补偿器			

注：1. 球形补偿器成组使用，图形符号仅示出其中一个。
　　2. 旋转补偿器成组使用，图形符号仅示出其中一个。

（5）其他管路附件的图形符号应符合表 1-28 的规定。

其他管路附件图形符号　　　　　　　　表 1-28

名　称	图形符号	名　称	图形符号
同心异径管		丝堵	
偏心异径管		管堵	
活接头		法兰盘	
法兰盖		减压孔板	
盲板		可挠曲橡胶接头	
烟风管道挠性接头		放水装置、启动疏水装置	
放气装置		经常疏水装置	

（6）管道支座、支架和管架的图形符号及其代号应符合表 1-29 的规定。

管道支座、支架和管架的图形符号及其代号　　　　　表 1-29

名　称		图形符号		代号
		平面图	纵断面图	
支座(通用)		┼	—	S
支架、支墩		—	│	T
固定支座(固定墩)	单管固定	✕	✕	FS(A)
	多管固定			
	单管单向固定			—
	多管单向固定			
活动支座(通用)		—	—	MS
滑动支座		—	—	SS
滚动支座		○○	○	RS
导向支座		—	—	GS
固定支架固定管架	单管固定	✕	✕	FT
	多管固定			
	单管单向固定			—
	多管单向固定		—	
活动支架(通用)活动管架(通用)		—	┬	MT
滑动支架滑动管架		—	┬	ST
滚动支架滚动管架		○○	○┬	RT
导向支架导向管架		—	┬	GT
刚性吊架		●	┴	RH

续表

名　　称		图形符号		代号
		平面图	纵断面图	
弹簧支吊架	弹簧支架	 ●──	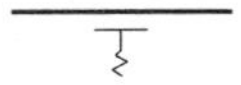 ⊥	SH
	弹簧吊架	 ●──	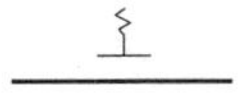 ⊥	

注：图中管架的图形符号用于表示管道支座与支架（支墩）的组合体。

（7）检测、计量仪表及元件的图形符号应符合表 1-30 的规定。

检测、计量仪表及元件的图形符号　　　　　　表 1-30

名　　称	图 形 符 号	名　　称	图 形 符 号
压力表（通用）	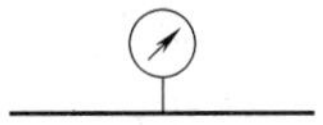 ⊘	流量孔板	 ─‖─
压力控制器	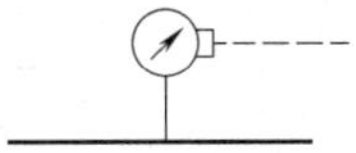 ⊘---	冷水表	 ─⊘─
压力表座	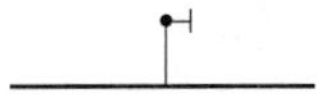 ─┴	转子流量计	 ▽
温度计（通用）	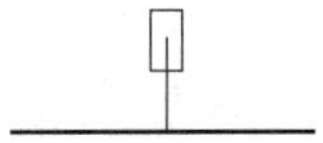 ─□─	液面计	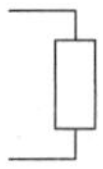 □
流量计（通用）	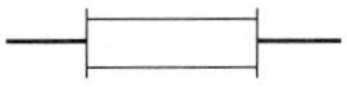 ─▭─	视镜	 ─○─
热量计	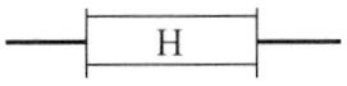 ─H▭─	—	—

注：1. 冷水表图形符号是指左进右出。
　　2. 液面计图形符号适用于各种类型的液面计，使用时应附加说明。

（8）其他图形符号应符合表 1-31 的规定。

其他图形符号　　　　　　表 1-31

名　　称	图 形 符 号	名　　称	图 形 符 号
裸管局部保温管	 ∿∿∿	伴热管	 ─ ─ ─
保护套管	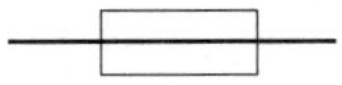 ─▭─	挠性管软管	 ∿∿
地漏	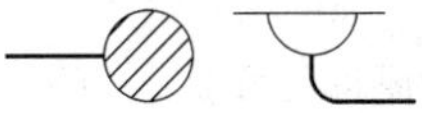 ⊘	排水沟	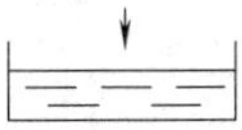 ▭
漏斗	 Y	排至大气（放散管）	 ⌐
排水管	 ⊖		

（9）敷设方式和管线设施的图形符号及其代号应符合表 1-32 的规定。

敷设方式和管线设施的图形符号及其代号　　　　　表 1-32

名称		图形符号		代号
		平面图	纵断面图	
架空敷设				—
管沟敷设				—
直埋敷设				—
套管敷设				C
管沟人孔				SF
管沟安装孔				IH
管沟通风孔	进风口			IA
	排风口			EA
检查室(通用)入户井				W CW
保护穴				D
管沟方形补偿器穴				UD
振作平台				OP
水主、副检查室				—

注：图形符号中两条平行的中实线为管沟示意轮廓线。

（10）热源和热力站的图形符号应符合表 1-33 的规定。

热源和热力站的图形符号　　　　　表 1-33

名称	图形符号	名称	图形符号
供热热源(通用)		热电厂	CHP
锅炉房	HB	热力站	②

注：热力站图形符号中的数字为热力站编号。

1.6　燃气工程常用图例

1.6.1　管道代号

燃气工程常用管道代号宜符合表 1-34 的规定，自定义的管道代号不应与表 1-34 中的示例重复，并应在图面中说明。

燃气工程常用管道代号　　　　　　　　　　　　　　表 1-34

序号	管道名称	管道代号	序号	管道名称	管道代号
1	燃气管道（通用）	G	16	给水管道	W
2	高压燃气管道	HG	17	排水管道	D
3	中压燃气管道	MG	18	雨水管道	R
4	低压燃气管道	LG	19	热水管道	H
5	天然气管道	NG	20	蒸汽管道	S
6	压缩天然气管道	CNG	21	润滑油管道	LO
7	液化天然气气相管道	LNGV	22	仪表空气管道	IA
8	液化天然气液相管道	LNGL	23	蒸汽伴热管道	TS
9	液化石油气气相管道	LPGV	24	冷却水管道	CW
10	液化石油气液相管道	LPGL	25	凝结水管道	C
11	液化石油气混空气管道	LPG-AIR	26	放散管道	V
12	人工煤气管道	M	27	旁通管道	BP
13	供油管道	O	28	回流管道	RE
14	压缩空气管道	A	29	排污管道	B
15	氮气管道	N	30	循环管道	CI

1.6.2　图形符号

（1）区域规划图、布置图中燃气厂站的常用图形符号宜符合表 1-35 的规定。

燃气厂站常用图形符号　　　　　　　　　　　　　　表 1-35

序号	名称	图形符号	序号	名称	图形符号
1	气源厂		4	液化石油气储配站	
2	门站		5	液化天然气储配站	
3	储配站、储存站		6	天然气、压缩天然气储配站	

续表

序号	名称	图形符号	序号	名称	图形符号
7	区域调压站		11	汽车加油加气站	
8	专用调压站		12	燃气发电站	
9	汽车加油站		13	阀室	
10	汽车加气站		14	阀井	

（2）常用不同用途管道图形符号宜符合表 1-36 的规定。

常用不同用途管道图形符号　　　　　　　表 1-36

序号	名称	图形符号	序号	名称	图形符号
1	管线加套管		6	蒸汽伴热管	
2	管线穿地沟		7	电伴热管	
3	桥面穿越		8	报废管	
4	软管、挠性管		9	管线重叠	
5	保温管、保冷管		10	管线交叉	

（3）常用管线、道路等图形符号宜符合表 1-37 的规定。

常用管线、道路等图形符号　　　　　　　表 1-37

序号	名　称	图形符号
1	燃气管道	———— G ————
2	给水管道	———— W ————
3	消防管道	———— FW ————
4	污水管道	———— DS ————
5	雨水管道	———— R ————
6	热水供水管线	———— H ————
7	热水回水管线	———— HR ————
8	蒸汽管道	———— S ————
9	电力线缆	———— DL ————

续表

序号	名 称	图 形 符 号
10	电信线缆	—— DX ——
11	仪表控制线缆	—— K ——
12	压缩空气管道	—— A ——
13	氮气管道	—— N ——
14	供油管道	—— O ——
15	架空电力线	⊸○⊸ DL ⊸○⊸
16	架空通信线	•○• DX •○•
17	块石护底	
18	石笼稳管	
19	混凝土压块稳管	
20	桁架跨越	
21	管道固定墩	
22	管道穿墙	
23	管道穿楼板	
24	铁路	
25	桥梁	
26	行道树	
27	地坪	
28	自然土壤	
29	素土夯实	
30	护坡	
31	台阶或梯子	上
32	围墙及大门	

序号	名　　称	图形符号
33	集液槽	
34	门	
35	窗	
36	拆除的建筑物	

（4）常用阀门的图形符号宜符合表 1-38 的规定。

常用阀门图形符号　　　　　　　　　表 1-38

序号	名称	图形符号	序号	名称	图形符号
1	阀门（通用）、截止阀		11	针形阀	
2	球阀		12	角阀	
3	闸阀		13	三通阀	
4	蝶阀		14	四通阀	
5	旋塞阀		15	调节阀	
6	排污阀		16	电动阀	
7	止回阀		17	气动或液动阀	
8	紧急切断阀		18	电磁阀	
9	弹簧安全阀		19	节流阀	
10	过流阀		20	液相自动切换阀	

（5）流程图和系统图中，常用设备图形符号宜符合表 1-39 的规定。

常用设备图形符号　　　表 1-39

序号	名称	图形符号	序号	名称	图形符号
1	低压干式气体储罐	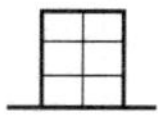	16	阻火器	
2	低压湿式气体储罐	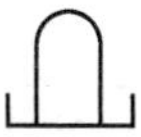	17	凝水缸	
3	球形储罐	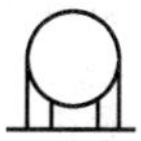	18	消火栓	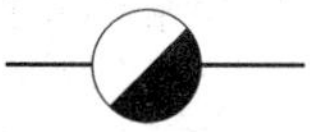
4	卧式储罐	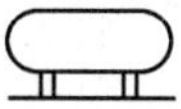	19	补偿器	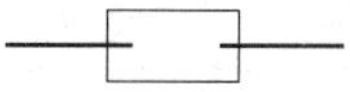
5	压缩机	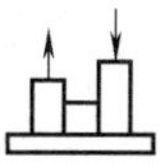	20	波纹管补偿器	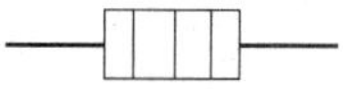
6	烃泵	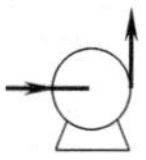	21	方形补偿器	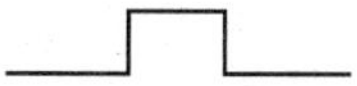
7	潜液泵	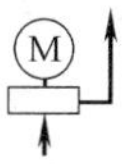	22	测试桩	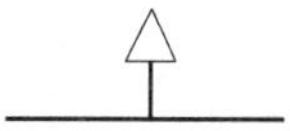
8	鼓风机	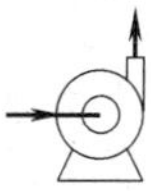	23	牺牲阳极	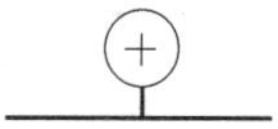
9	调压器	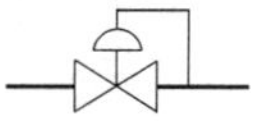	24	放散管	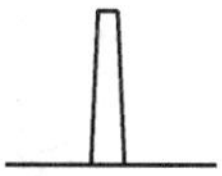
10	Y 形过滤器		25	调压箱	
11	网状过滤器	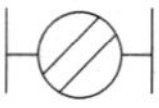	26	消声器	
12	旋风分离器	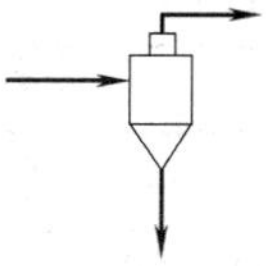	27	火炬	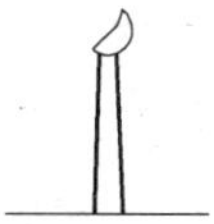
13	分离器		28	管式换热器	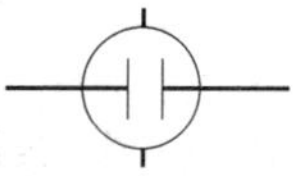
14	安全水封	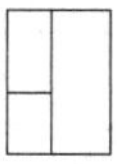	29	板式换热器	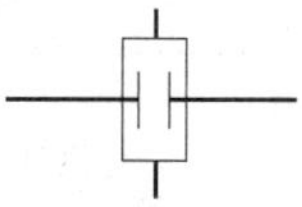
15	防雨罩		30	收发球筒	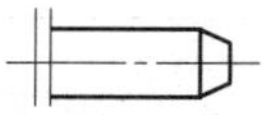

序号	名称	图形符号	序号	名称	图形符号
31	通风管		33	加气机	
32	灌瓶嘴		34	视镜	

（6）常用管件和其他附件的图形符号宜符合表 1-40 的规定。

常用管件和其他附件的图形符号　　　　　　　　　表 1-40

序号	名称	图形符号	序号	名称	图形符号
1	钢塑过渡接头		10	绝缘法兰	
2	承插式接头		11	绝缘接头	
3	同心异径管		12	金属软管	
4	偏心异径管		13	90°弯头	
5	法兰		14	<90°弯头	
6	法兰盖		15	三通	
7	钢盲板		16	快装接头	
8	管帽		17	活接头	
9	丝堵		—	—	—

（7）常用阀门与管路连接方式的图形符号宜符合表 1-41 的规定。

常用阀门与管路连接方式图形符号　　　　　　　　表 1-41

序号	名称	图形符号	序号	名称	图形符号
1	螺纹连接		4	卡套连接	
2	法兰连接		5	环压连接	
3	焊接连接		—	—	—

（8）常用管道支座、管架和支吊架图形符号宜符合表 1-42 的规定。

常用管道支座、管架和支吊架图形符号 表 1-42

序号	名称		图形符号	
			平面图	纵剖面
1	固定支座、管架	单管固定	 ✕	
		双管固定	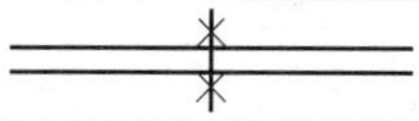	
2	滑动支座、管架		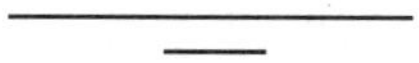	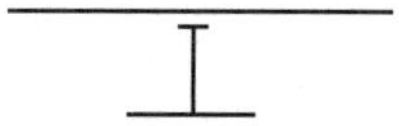
3	支墩		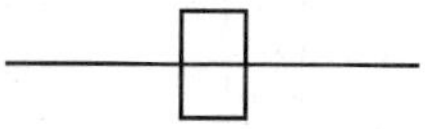	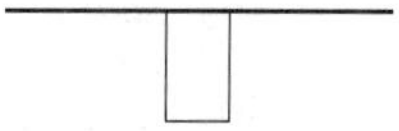
4	滚动支座、管架		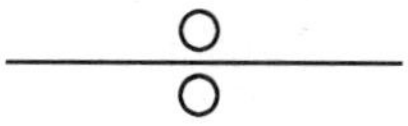	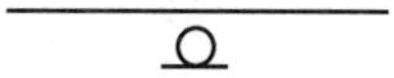
5	导向支座、管架		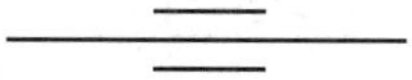	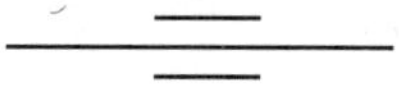

（9）常用检测、计量仪表的图形符号宜符合表 1-43 的规定。

常用检测、计量仪表图形符号 表 1-43

序号	名称	图形符号	序号	名称	图形符号
1	压力表		7	腰轮式流量计	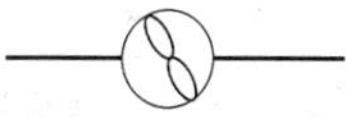
2	液位计	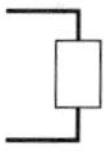	8	涡轮流量计	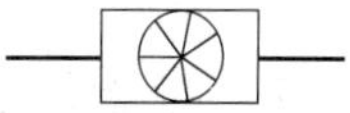
3	U形压力计		9	罗茨流量计	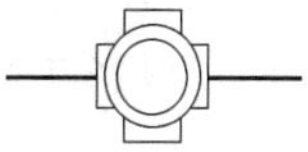
4	温度计		10	质量流量计	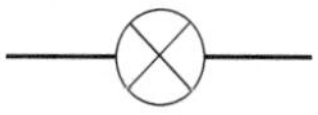
5	差压流量计		11	转子流量计	
6	孔板流量计		—	—	—

（10）用户工程的常用设备图形符号宜符合表 1-44 的规定。

用户工程的常用设备图形符号　　　　　　　　　　　表 1-44

序号	名称	图形符号	序号	名称	图形符号
1	用户调压器		8	炒菜灶	
2	皮膜燃气表		9	燃气沸水器	
3	燃气热水器		10	燃气烤箱	
4	壁挂炉、两用炉		11	燃气直燃机	
5	家用燃气双眼灶		12	燃气锅炉	
6	燃气多眼灶		13	可燃气体泄漏探测器	
7	大锅灶		14	可燃气体泄漏报警控制器	

1.7　投影与视图

1.7.1　投影图识读

1. 投影的概念

光线投影于物体产生影子的现象称为投影，例如光线照射物体在地面或其他背景上产生影子，这个影子就是物体的投影，如图 1-11 所示。在制图学上，将此投影称为投影图（又称视图）。

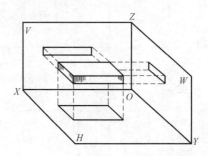

图 1-11　一块砖在三个面的投影

用一组假想的光线将物体的形状投射到投影面上，并且在其上形成物体的图像，这种用投影图表示物体的方法称为投影法，它表示光源、物体和投影面三者之间的关系。投影法是绘制工程图的基础。

（1）一个点在空间各个投影面上的投影，总是一个点，如图 1-12 所示。

（2）一条线在空间时，它在各投影面上的正投影，主要是由点和线来反映的。图 1-13（a）、（b）为一条竖直向下和一条水平线的正投影。

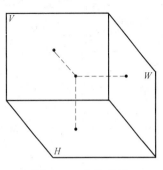

图 1-12 点的投影

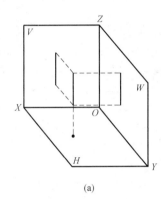

(a)

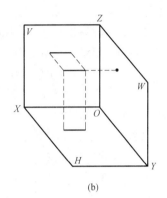

(b)

图 1-13 线的投影
（a）竖直线的正投影；（b）水平线的正投影

（3）一个几何形的面，在空间各个投影面上的正投影，主要是由面和线来反映的。如图 1-14 所示，是一个平行于底下投影面的平行四边形平面在三个投影面上的投影。

2. 物体的投影

物体的投影较为复杂，它在空间各投影面上的投影，均是以面的形式反映出来的。如图 1-15 所示，是一个台阶外形的正投影。

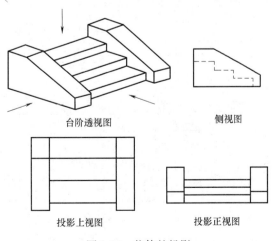

台阶透视图　　　　侧视图

投影上视图　　　　投影正视图

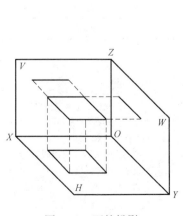

图 1-14 面的投影

图 1-15 物体的投影

对于一个空心物体，如一个封闭的木箱，仅从其外表的投影是反映不出它的构造的，为此人们想出了一个办法，用一个平面中间切开它，让它的内部在这个面上投影，得到它内部的形状及大小，从而才能够反映这个物体的真实面貌。建筑物也类似这样的物体，仅外部的投影（在建筑图上称之为立面图）无法完全反映建筑物的构造，因此要由平面图和剖面图等来反映内部的构造。

（1）三个投影图中的每一个投影图表示物体的两个向度及一个面的形状，即：

1）V 面投影反映物体的长度及高度；

2）H 面投影反映物体的长度及宽度；

3）W 面投影反映物体的高度及宽度。

（2）三面投影图的"三等关系"

1）长对正，即 H 面投影图的长与 V 面投影图的长相等；

2）高平齐，即 V 面投影图的高与 W 面投影图的高相等；

3）宽相等，即 H 面投影图的宽与 W 投影图的宽相等。

（3）三面投影图与各方位之间的关系。物体均具备左、右、前、后、上、下六个方向，在三面图中，其对应关系为：

1）V 面图反映物体的上、下和左、右的关系；

2）H 面图反映物体的左、右和前、后的关系；

3）W 面图反映物体的前、后和上、下的关系。

3. 直线的三面正投影特性

空间直线与投影面的位置关系包括三种：投影面垂直线、投影面平行线及一般位置直线。

（1）投影面平行线　平行于一个投影面，而倾斜于另两个投影面的直线，称为投影面平行线。投影面平行线分为：

1）水平线：直线平行于 H 面，倾斜于 V 面及 W 面；

2）正平线：直线平行于 V 面，倾斜于 H 面及 W 面；

3）侧平线：直线平行于 W 面，倾斜于 H 面及 V 面。

投影面平行线的投影特性见表1-45。

投影面平行线的投影特性　　　　　　　　　　　　　　　表 1-45

名称	直观图	投影图	投影特性
水平线	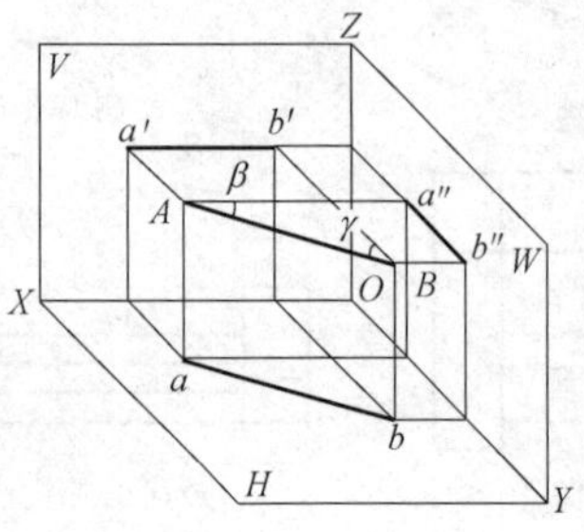	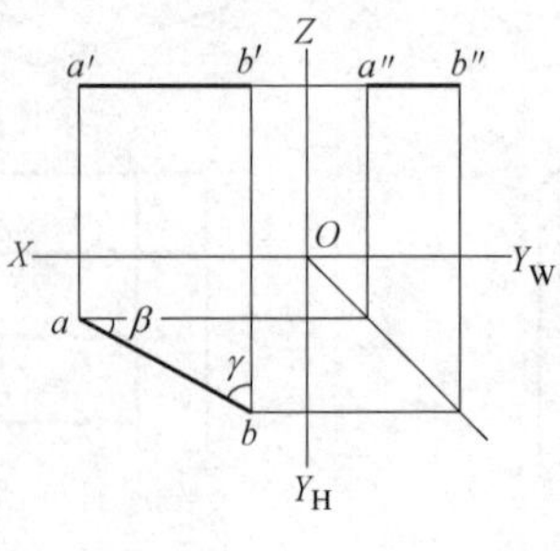	(1)水平投影反映实长 (2)水平投影与 X 轴和 Y 轴的夹角，分别反映直线与 V 面及 W 面的倾角 β 和 γ (3)正面投影及侧面投影分别平行于 X 轴及 Y 轴，但不反映实长

续表

名称	直观图	投影图	投影特性
正平线	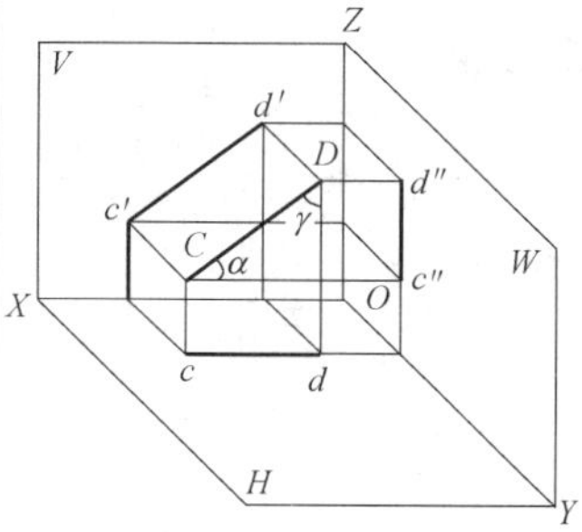	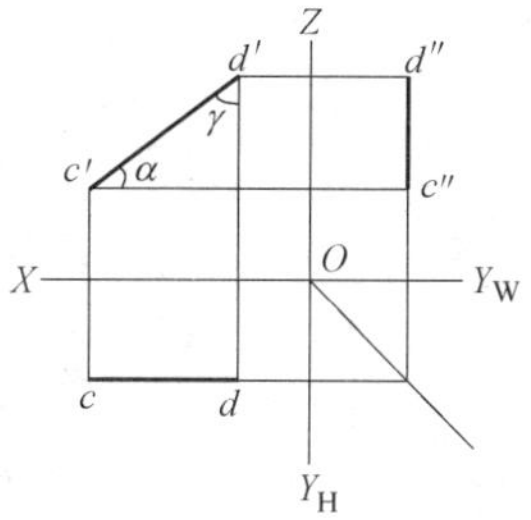	(1)正面投影反映实长 (2)正面投影与 X 轴和 Z 轴的夹角,分别反映直线与 H 面及 W 面的倾角 α 和 γ (3)水平投影及侧面投影分别平行于 X 轴及 Z 轴,但不反映实长
侧平线	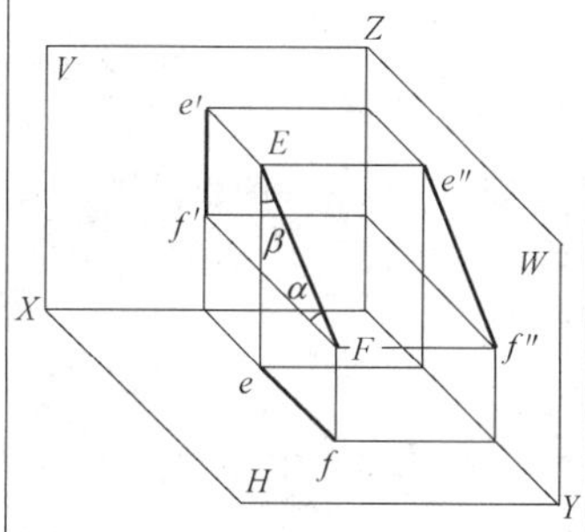	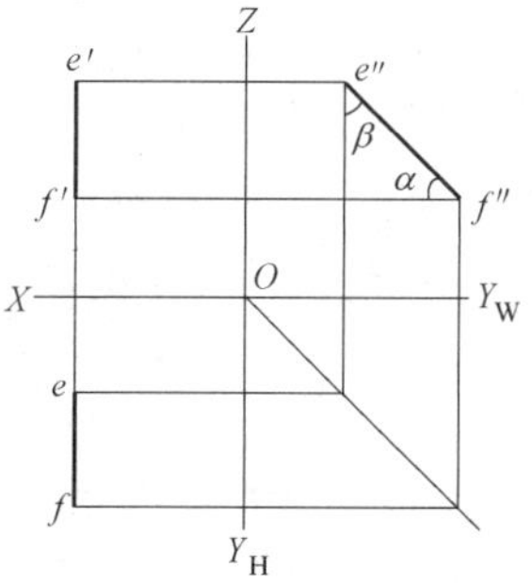	(1)侧面投影反映实长 (2)侧面投影与 Y 轴及 Z 轴的夹角,分别反映直线与 H 面和 V 面的倾角 α 和 β (3)水平投影及正面投影分别平行于 Y 轴及 Z 轴,但不反映实长

（2）投影面垂直线　垂直于一投影面，而平行于另两个投影面的直线，称为投影面垂直线。投影面垂直线分为：

1）铅垂线：直线垂直于 H 面，平行于 V 面及 W 面；

2）正垂线：直线垂直于 V 面，平行于 H 面及 W 面；

3）侧垂线：直线垂直于 W 面，平行于 H 面及 V 面。

投影面垂直线的投影特性见表 1-46。

投影面垂直线的投影特性　　　　　　　　表 1-46

名称	直观图	投影图	投影特性
铅垂线	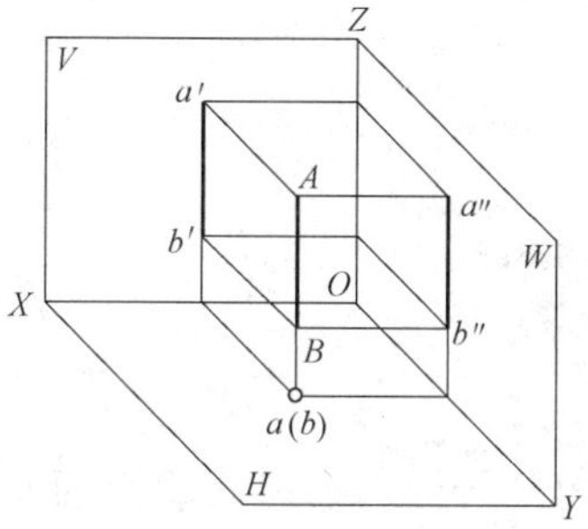	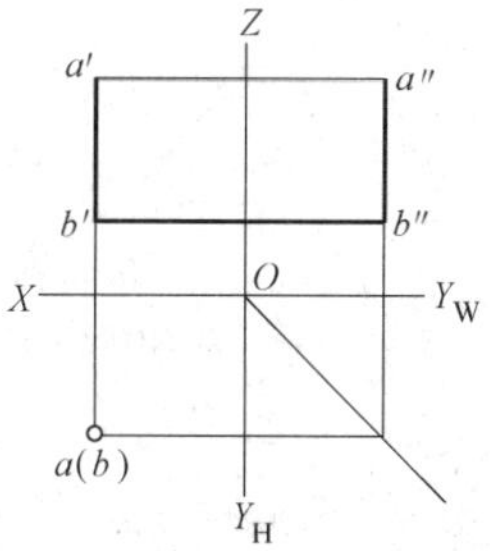	(1)水平投影积聚成一点 (2)正面投影及侧面投影分别垂直于 X 轴和 Y 轴,且反映实长

续表

名称	直观图	投影图	投影特性
正垂线	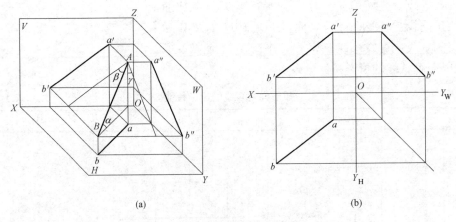		(1)正面投影积聚成一点 (2)水平投影和侧面投影分别垂直于 Y 轴及 Z 轴,且反映实长
侧垂线			(1)侧面投影积聚成一点 (2)水平投影和正面投影分别垂直于 Y 轴及 Z 轴,且反映实长

4. 一般位置直线

如图 1-16 所示为一般位置直线。因为直线 AB 倾斜于 H 面、Y 面和 W 面,所以其端点 A、B 到各投影面的距离均不相等,由于一般位置直线的三个投影与投影轴都成倾斜位置,且不反映实长,也不反映直线对投影面的倾角。

图 1-16　一般位置直线的投影

(a) 直观图;(b) 投影图

5. 平面的三面正投影特性

空间平面与投影面的位置关系包括三种:投影面平行面、投影面垂直面及一般位置平面。

（1）投影面平行面　投影面平行面为投影面平面平行于一个投影面，同时垂直于另外两个投影面，其投影特点为：

1）平面在它所平行的投影面上的投影反映实形。

2）平面在另两个投影面上的投影积聚为直线，并且分别平行于相应的投影轴。

投影面平行面的投影特性见表1-47。

投影面平行面的投影特性　　　　表 1-47

名称	直观图	投影图	投影特性
水平面			（1）在 H 面上的投影反映实形 （2）在 V 面及 W 面上的投影积聚为一直线，且分别平行于 OW 轴和 OY_W 轴
正平面			（1）在 V 面上的投影反映实形 （2）在 H 面及 W 面上的投影积聚为一直线，且分别平行于 OX 轴和 OZ 轴
侧平面			（1）在 W 面上的投影反映实形 （2）在 V 面及 H 面上的投影积聚为一直线，且分别平行于 OZ 轴和 OY_H 轴

（2）投影面垂直面　此类平面垂直于一个投影面，同时倾斜于另外两个投影面，其投影图的特征是：

1）垂直面在其所垂直的投影面上的投影积聚为一条与投影轴倾斜的直线。

2）垂直面在另两个面上的投影不反映实形。

投影面垂直面的投影特性见表1-48。

投影面垂直面的投影特性　　　　　表 1-48

名称	直观图	投影图	投影特性
铅垂面	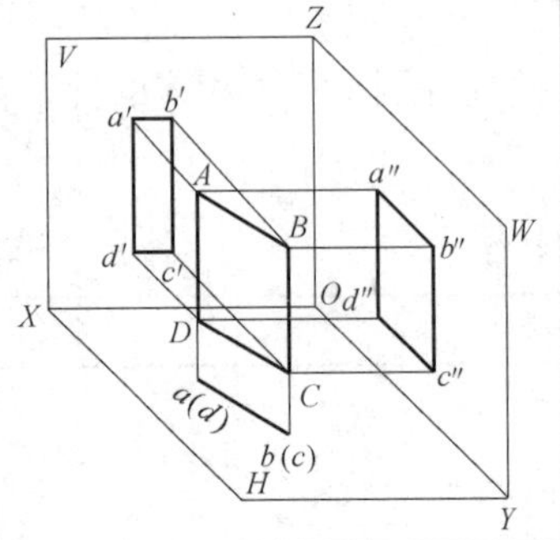	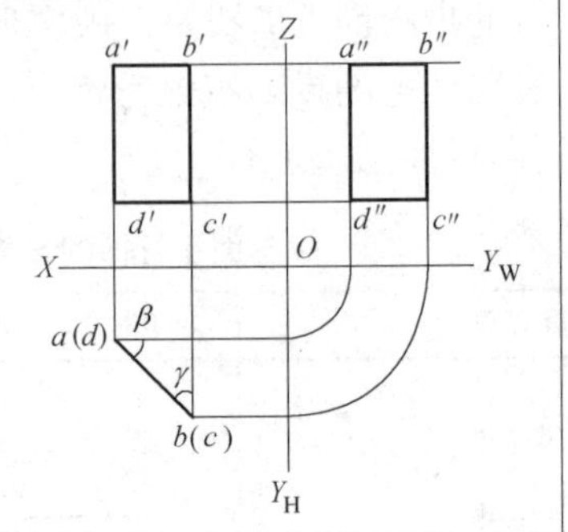	(1)在 H 面上的投影积聚为一条与投影轴倾斜的直线 (2)β、γ 反映平面与 V 面及 W 面的倾角 (3)在 V 面及 W 面上的投影小于平面的实形
正垂面	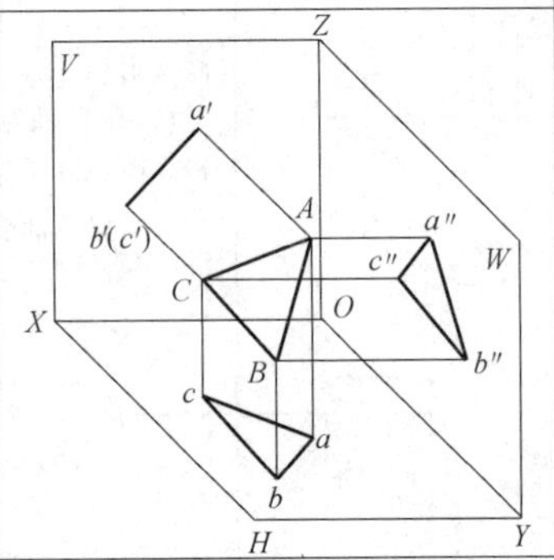	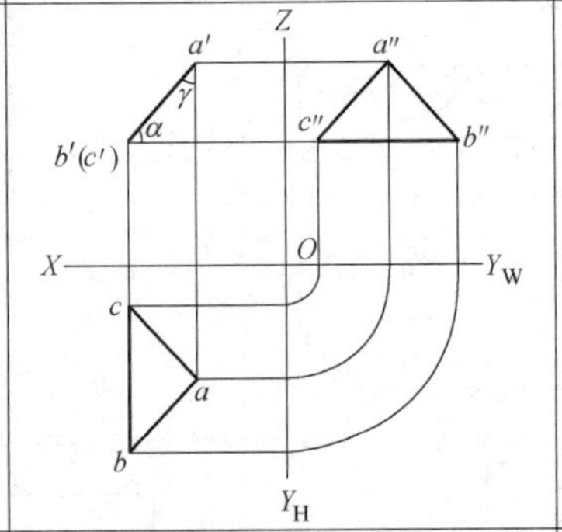	(1)在 V 面上的投影积聚为一条与投影轴倾斜的直线 (2)α、γ 反映平面与 H 面及 W 面的倾角 (3)在 H 面及 W 面上的投影小于平面的实形
侧垂面	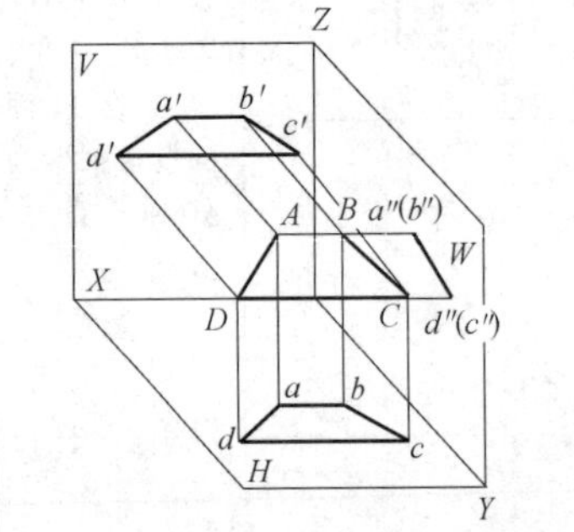	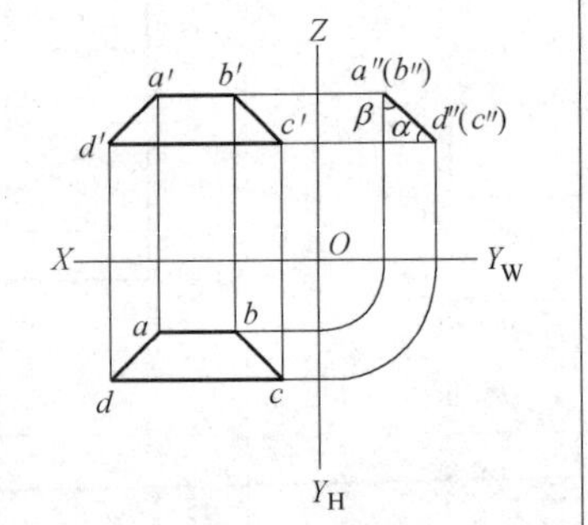	(1)在 W 面上的投影积聚为一条与投影轴倾斜的直线 (2)α、β 反映平面与 H 面及 V 面的倾角 (3)在 V 面及 H 面上的投影小于平面的实形

（3）一般位置平面　对三个投影面都倾斜的平面称为一般位置平面，其投影的特点是：三个投影均是封闭图形，小于实形且没有积聚性，但具有类似性。

6. 投影图的识读

读图是根据形体的投影图，运用投影原理及特性对投影图进行分析，想象出形体的空间形状。识读投影图的方法包括形体分析法与线面分析法两种。

（1）形体分析法

形体分析法是根据基本形体的投影特性，在投影图上分析组合体各组成部分的形状及相对位置，然后综合起来想象出组合形体的形状。

（2）线面分析法

1）线面分析法是以线和面的投影规律为基础，根据投影图中的某些棱线和线框，分析它们的形状及相互位置，进而想象出它们所围成形体的整体形状。

2）为应用线面分析法，必须掌握投影图上线及线框的含义，才能够结合起来综合分析，想象出物体的整体形状。投影图中的图线（直线或曲线）可能代表的含义包括：

① 形体的一条棱线，即形体上两相邻表面交线的投影；

② 与投影面垂直的表面（平面或曲面）的投影，即为积聚投影；

③ 曲面轮廓素线的投影。

3）投影图中的线框，可能包括如下含义：

① 形体上某一平行于投影面的平面的投影；

② 形体上某平面类似性的投影（即平面处于一般位置）；

③ 形体上某曲面的投影；

④ 形体上孔洞的投影。

（3）投影图阅读步骤

阅读图纸的顺序通常是先外形，后内部；先整体，后局部；最后，由局部回到整体，综合想象出物体的形状。读图的方法，通常以形状分析法为主，线面分析法为辅。阅读投影图的基本步骤是：

1）从最能够反映形体特征的投影图入手，通常以正立面（或平面）投影图为主，粗略分析形体的大致形状及组成。

2）结合其他投影图阅读，正立面图与平面图对照，三个视图联合起来，运用形体分析法及线面分析法，形成立体感，综合想象得出组合体的全貌。

3）结合详图（剖面图、断面图），综合各投影图，想象整个形体的形状及构造。

1.7.2　视图

视图，即人从不同的位置所看到的一个物体在投影面上投影后所绘成的图纸。通常分为上视图，前、后侧视图，剖视图。

（1）上视图：即人在这个物体的上部向下看，物体在下面投影面上所投影出的形象；

（2）前、后侧视图：是人在物体的前面、后面、侧面看到的这个物体的形象；

（3）剖视图：是人们假想一个平面把物体某处剖切开之后，移走一部分，人站在未移走的那部分物体剖切面前所看到的物体剖切平面上的投影的形象。

如图 1-17（a）所示，即为用水平面 H 剖切后，移走上部，从上往下看的上视图。为了符合建筑图纸的习惯称法，这种上视图称为平面图（实际是水平剖视图）。另外，如图 1-17（b）、（c）、（d）所示，分别称为立面图（实际是前视图）、剖面图（实际是竖向剖视图）、侧立面图（实际是侧视图）。

（4）仰视图：这是人在物体下部向上观看所看到的形象。建筑中的仰视图，通常是在室内人仰头观看的顶棚构造或吊顶平面的布置图形。建筑中顶棚无各种装饰时，通常不绘制仰视图。

工程图中，物体上可见的轮廓线一般采用粗实线表示，不可见的轮廓线采用虚线表示。当物体内部构造复杂时，投影图中就会出现很多虚线，因而使图线重叠，不能清晰地表示出物体，也不利于标注尺寸和读图。

1. 剖面图

为了能够清晰地表达物体的内部构造，假想利用一个平面将物体剖开（此平面称为切平面），移出剖切平面前的部分，然后画出剖切平面后面部分的投影图，这种投影图称为

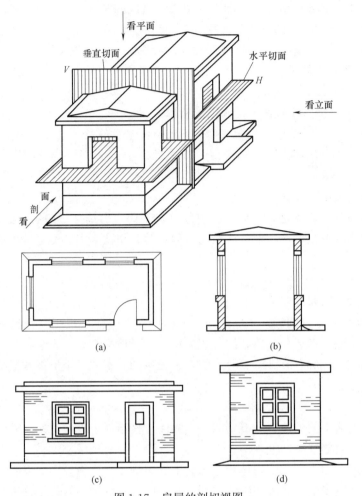

图 1-17　房屋的剖切视图

(a) H 平面剖切图；(b) 立面图；(c) V 面剖切图；(d) 侧立面图

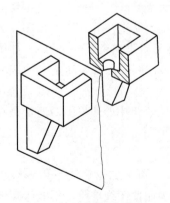

图 1-18　剖面图的形成

剖面图，如图 1-18 所示。

（1）剖面图的画法

1）确定剖切平面的位置。在画剖面图时，首先应当选择适当的剖切位置，使剖切后画出的图形能确切反映所要表达部分的真实形状。

2）剖切符号。剖切符号又称剖切线，由剖切位置线和剖视方向所组成。用断开的两段粗短线表示剖切位置，在其两端画与其垂直的短粗线表示剖视方向，短线在哪一侧即表示向哪方向投影。

3）编号。用阿拉伯数字编号，并注写在剖视方向线的端部，编号应当按顺序由左至右、由下至上连续编排，如图 1-19 所示。

4）画剖面图。剖面图虽然是按照剖切位置移去物体在剖切平面和观察者之间的部分，根据留下的部分画出投影图。但由于剖切是假想的，所以画其他投影时，仍应当完整地画出，不受剖切的影响。剖切平面与物体接触部分的轮廓线用粗实线表示，剖切平面后面的可见轮廓线用细实线来表示。物体被剖切后，剖面图上仍可能有不可见部分的虚线存在。为了使图形清晰易读，对于已表示清楚的部分，虚线可省略不画。

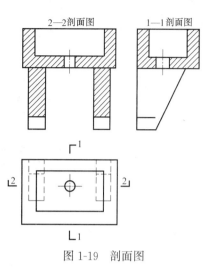

图 1-19　剖面图

5）画出材料图例。在剖面图上为了分清物体被剖切到和没有被剖切到的部分，在剖切平面与物体接触部分要画上材料图例，同时表明建筑物各构配件是由什么材料做成的。

（2）剖面图的种类

1）按照剖切位置可以分为两种：

① 水平剖面图。当剖切平面平行于水平投影面时，所得的剖面图称为水平剖面图，建筑施工图当中的水平剖面图称为平面图。

② 垂直剖面图。如果剖切平面垂直于水平投影面所得到的剖面图称为垂直剖面图，图 1-19 中的 1-1 剖面称为纵向剖面图，2-2 剖面称为横向剖面图，两者都为垂直剖面图。

2）按剖切面的形式又可分为：

① 全剖面图。用一个剖切平面将形体全部剖开之后所画的剖面图。如图 1-19 所示的两个剖面为全剖面图。

② 半剖面图。当物体的投影图和剖面图均为对称图形时，采用半剖的表示方法，如图 1-20 所示，图中投影图与剖面图各占一半。

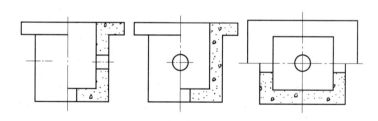

图 1-20　半剖面图

③ 阶梯剖面图。用阶梯形平面剖切形体之后得到的剖面图，如图 1-21 所示。

④ 局部剖面图。形体局部剖切之后所画的剖面图，如图 1-22 所示。

（3）剖面图的阅读　剖面图应当画出剖切后留下部分的投影图，在阅读时应当注意以下几点：

1）图线。被剖切的轮廓线用粗实线来表示，未剖切的可见轮廓线用中或细实线表示。

2）不可见线。在剖面图当中，看不见的轮廓线通常不画，特殊情况可以用虚线来表示。

3）被剖切面的符号表示。剖面图中的切口部分（部切面上），通常画上表示材料种类的图例符号；当无需示出材料种类时，用 45°平行细线表示；当切口截面比较狭小时，可

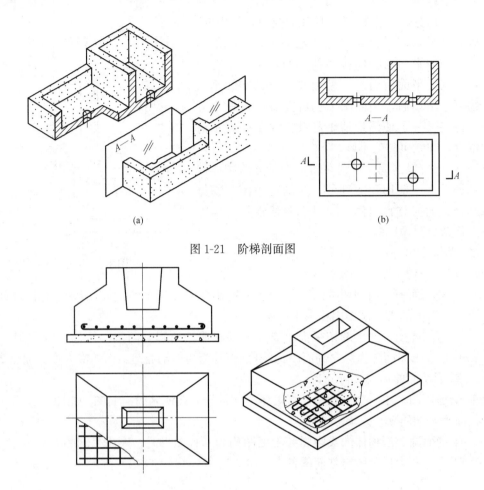

(a)　　　　　　　　　　　　　　　　(b)

图 1-21　阶梯剖面图

图 1-22　局部剖面图

以涂黑表示。

2. 断面图

　　假想用剖切平面将物体剖切后，只画出剖切平面剖切到部分的图形称为断面图。对于某些单一的杆件或需要表示某一局部的截面形状时，可只画出断面图。如图 1-23 所示为

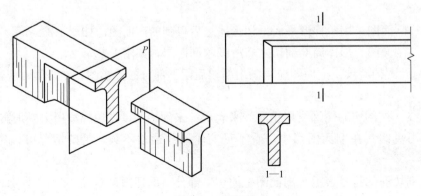

图 1-23　断面图

断面图的画法。它与剖面图的区别在于，断面图只需要画出形体被剖切后与剖切平面相交的那部分截面图形，至于剖切后投影方向可能见到的形体其他部分轮廓线的投影，则不必画出。显然，断面图包含于剖面图。

断面图的剖切位置线端部，不必如剖面图那样画短线，其投影方向可以用断面图编号的注写位置来表示。例如，断面图编号写在剖切位置线的左侧，即表示从右向左投影。

实际应用当中，断面图的表示方式包括以下几种：

（1）将断面图画在视图之外适当位置，称为移出断面图。移出断面图适用于形体的截面形状变化较多的情况，如图 1-24 所示。

（2）将断面图画在视图之内，称为折倒断面图或重合断面图。它适用于形体截面形状变化比较少的情况。断面图的轮廓线用粗实线来表示，剖切面画材料符号，不标注符号及编号。如图 1-25 所示是现浇楼层结构平面图中表示梁板及标高所用的折倒断面图。

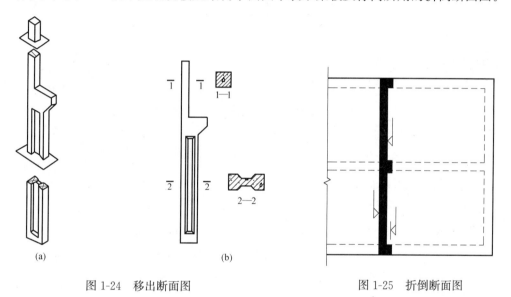

图 1-24　移出断面图　　　　　　　　　　　　图 1-25　折倒断面图

（3）将断面图画在视图的断开处，称为中断断面图。此种断面图适用于形体较长的杆件且截面单一的情况，如图 1-26 所示。

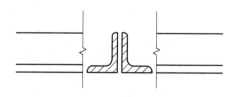

图 1-26　中断断面图

道路工程图识图诀窍

2.1 道路工程平面图

城市道路的平面图，是运用正投影的方法在地形图的基础上来表现道路的方向、长度、宽度、平面线形、平面构成、两侧地形地物、路线定位等内容的图样。在平面图上主要反映地形和道路平面设计两部分内容，通常包括路线定位图及平面设计图。

2.1.1 地形部分的图示内容

1. 图样比例的选择

根据地形地物的不同情况，可以采用不同的比例，但应以能清晰表达图样为原则进行确定。通常常用的比例为 1：1000、1：2000 等比例。因为城市的规划图多以 1：500 为比例，所以道路平面图的比例也可以采用 1：500、1：5000 等比例。

2. 方位确定

设计地区的方位的确定可以采用坐标网或指北针两种方法。坐标网法应在图中绘出坐标网并注明坐标，通常 X 轴向为南北方向（上为北），Y 轴向为东西方向（右为东）。指北针法应当在图样的适当位置，按照标准绘出指北针，以指明方位。

3. 地形地物

地形情况通常采用等高线或地形点表示。城市道路地形通常比较平坦，多采用地形点来表示地形高程，地形点通常用▼符号表示，其标高值注在其右侧。地物用图例表示，常见的图例见表 2-1。

地物的常见图例 表 2-1

名称	符号	名称	符号	名称	符号	名称	符号
路线中心线	—·—·—	房屋	▨	涵洞	≻—≺	水稻田	↓ ↓ ↓
水准点	◉ BM编号／高程	大车路	— — —	桥梁	≻—≺	草地	‖ ‖ ‖ ‖

续表

名称	符号	名称	符号	名称	符号	名称	符号
导线点	⊡ 编号/高程	小路	— — — —	菜地	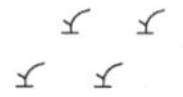 (符号)	经济林	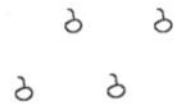 (符号)
转角点	 JD编号 ∧	堤坝	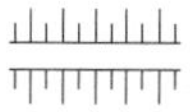 (符号)	旱田	 (符号)	用材林	 ○ ○ ○ ○松○
通信线	•—•—•—	河流	 (符号)	沙滩	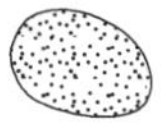 (符号)	人工开挖	 (符号)

4. 水准点

在平面图中应当注明水准点的位置，并对其编号，以便进行道路的高程控制。水准点通常用 ⊗ $\dfrac{\text{BM 编号}}{\text{高程}}$ 表示，将高程值写在分数线的下方，高程编号写在分数线的上方。

2.1.2 道路平面设计部分的图示内容

1. 道路规划红线

道路规划红线是指通过城市总体规划或道路系统专项规划确定的各等级城市道路的路幅边界控制线，是道路建设用地的外边线，通常采用双点画线表示。两条规划红线之间的宽度即为道路规划宽度，即规划路幅宽度。

2. 道路中心线

道路中心线表示道路的中心位置，用来区分不同方向的车道，通常画在道路正中，好像一条隔离带，将道路隔成两个方向，通常用细单点画线表示。

3. 里程桩号

里程就是指道路长度，里程桩号表示该桩至道路起点的长度，它反映了道路的总长及各段的长度。里程桩号通常用 $KX+Y$ 表示，K 含义为整数公里处，K 后面的数字 X 表示第 X 公里处，Y 表示在第 X 公里处再前向加 Ym 处。如 K14＋400 表示该里程桩在 14 整数公里再前向加 400m 处。里程桩号通常设在道路中心线上，从起点到终点，沿前进方向注写里程桩号；也可以向垂直道路中心线方向引一细直线，再在图样边上注写里程桩号。

4. 路线定位

路线定位通常采用坐标网或指北针结合地面固定参照物进行定位。

5. 平曲线

受地形、地物或地质条件的限制，路线通常需要改变方向，路线在平面方向发生转折的点称为路线转向的折点。为了满足车辆行驶的要求，在转向的两直线间一般用曲线连接，该曲线通常为圆曲线。当圆曲线的曲率较大、不便于车辆行驶时，应当在直线与圆曲线间增设缓和曲线，构成平曲线。道路中平曲线的几何要素及控制点有直缓点（ZH）、缓圆点（HY）、曲中点（QZ）、圆缓点（YH）、缓直点（HZ）、交点（JD）、切线长（T）、曲线长（L）、外矢距（E）、转角（α）。当只有圆曲线时，其几何要素及控制点有直圆点（ZY）、曲中点（QZ）、圆直点（YZ）、切线长（T）、曲线长（L）、外矢距（E）、转角（α）。

转角是路线转向的折角，是沿道路前进方向向左或向右偏转的角度。

2.1.3　道路平面图的识图方法

（1）了解地形地物情况。首先根据平面图的图例及等高线的特点，了解此图样反映的地形地物情况、地面各控制点高程、附属构筑物的位置、已知水准点的位置及编号、坐标网参数、指北针或地形点方位、道路两侧建筑物的情况、性质以及用地范围等。

（2）了解道路的用地情况。根据已掌握的地形地物情况，了解原有建筑物和构筑物的拆除范围及数量。

（3）了解路线定位参数。在道路定线图上，了解道路的方位、走向、转向以及转角、曲线几何要素、控制点的坐标、里程桩号等。

（4）阅读道路设计内容。在道路平面设计图上，阅读道路中心线、规划红线、机动车道、非机动车道、人行道、分隔带、交叉口的位置以及相关平面尺寸。如果道路设置了曲线，还要搞清楚曲线的形式及相关参数。

（5）计算挖填方工程量。结合道路纵断面图，了解路基挖填方情况，并据此计算出相应的挖填方工程量。

（6）确定图中水准点的绝对高程。根据图中所给各水准点的位置及编号，到有关部门查出该水准点的绝对高程，以便于施工中正确控制道路高程。

现以图 2-1 为例，说明某道路工程平面图的读图方法和步骤。

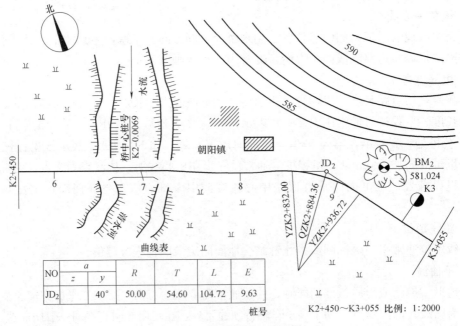

NO	a		R	T	L	E
	z	y				
JD$_2$		40°	50.00	54.60	104.72	9.63

桩号　　　　K2+450～K3+055　比例：1:2000

图 2-1　某道路工程平面图

（1）图形概况。从左下角角标可知，绘制桩号范围为 K2+550～K3+055，其内容包括地形部分和路线部分。

（2）地形部分。在地形图上，等高线每隔 4 根加粗一根，如 585、590 等高线，并注明标高，称为计曲线；图示中两等高线的高差为 1m，沿线地形平坦。东北地域有一小山毗邻，路北有两幢房屋建筑，路南为大片的农田。路线跨越一条小河，其上架设一桥梁，小河两岸设有堤坝。

（3）路线部分。由于受到图中比例的限制，路线的宽度无法按实际尺寸画出，故设计路线采用加粗的实线表示。

图中 $\mathbf{\Phi}$ 表示 3km 桩的位置。垂直于中心线的短线表示了百米桩的位置，百米桩数字如 6、7、8、9 注在短线的端部，字头向上。

（4）平面线型。该段路线的平面线型由直线段和曲线段组成，在桩号 K2+900 附近有一第 2 号交角点（JD$_2$）。由图中的曲线表可知，该圆曲线沿路线前进方向的右偏角 α 为 40°。曲线半径 R 为 50、切线长 T 为 54.60、曲线长 L 为 104.72、外矢距 E 为 9.63 等数值。2 号水准点（BM$_2$）标高为 581.024。

2.2　道路工程纵断面图

城市道路纵断面图是通过沿道路中心线用假想的铅垂面进行剖切，展开后进行正投影所得到的图样。它主要反映了道路沿纵向的设计高程变化、地质情况、挖填情况、原地面标高、坡度及距离、桩号等多项图示内容及数据。纵断面图包括高程标尺、图样及测设数据表三部分内容。按规定图样应绘在图幅上方，测设数据表位于图样的下方，高程标尺应布置在测设数据表的上方左侧，如图 2-2 所示。

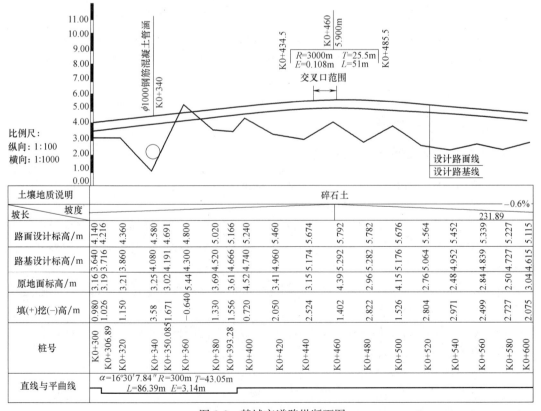

土壤地质说明	碎石土																		
坡度　坡长											−0.6%　231.89								
路面设计标高/m	4.140	4.216	4.360	4.580	4.691	4.800	5.020	5.166	5.240	5.460	5.674	5.792	5.782	5.676	5.564	5.452	5.339	5.227	5.115
路基设计标高/m	3.640	3.716	3.860	4.080	4.191	4.300	4.520	4.666	4.740	4.960	5.174	5.292	5.282	5.176	5.064	4.952	4.839	4.727	4.615
原地面标高/m	3.16	3.19	3.21	3.25	3.02	5.44	3.69	3.61	4.52	3.41	3.15	4.39	2.96	4.15	2.76	2.48	2.84	2.50	3.04
填(+)挖(−)高/m	0.980	1.026	1.150	3.58	1.671	−0.640	1.330	1.556	0.720	2.050	2.524	1.402	2.822	1.526	2.804	2.971	2.499	2.727	2.075
桩号	K0+300	K0+306.89	K0+320	K0+340	K0+350.085	K0+360	K0+380	K0+393.28	K0+400	K0+420	K0+440	K0+460	K0+480	K0+500	K0+520	K0+540	K0+560	K0+580	K0+600
直线与平曲线	$\alpha=16°30'7.84''$ $R=300m$ $T=43.05m$ $L=86.39m$ $E=3.14m$																		

图 2-2　某城市道路纵断面图

2.2.1 图样部分的图示内容

（1）路线长度和高程。图样的水平方向表示路线长度，垂直方向表示高程。为了清晰地反映垂直方向的高差，规定垂直方向的比例按照水平方向的比例放大10倍，这样图上所画的图线坡度较实际坡度大，但看起来舒适、美观。

（2）原地面高程线。图样当中不规则的细折线表示沿道路设计中心线处的原地面高程线，它是根据一系列中心桩的原地面高程，用细实线连接形成的，反映了道路中心线处原地面的高程变化情况。

（3）设计路面高程线。图样中比较规则的直线与曲线组成的粗实线表示道路的设计路面高程线。它是根据一系列中心桩处的设计路面高程，用粗实线连接而成的，反映了道路中心路面的设计高程变化情况。

设计路面高程线与原地面高程线结合可以反映出路基的挖填情况。原地面高程线与设计路面高程线上对应点的高程（即标高）差称为挖填高度（即施工高度），此差值如果大于零，说明需要挖方，如果小于零，说明需要填方。

（4）竖曲线。当设计路面纵向坡度变更处的两相邻坡度之差的绝对值超过一定数值时，为了便于车辆行驶，在变坡处设置的竖向圆形曲线称之为竖曲线。竖曲线包括凹形竖曲线和凸形竖曲线两种。在设计路面高程线上方用⌣表示凹形竖曲线，用⌒表示凸形竖曲线，并在符号处注明竖曲线半径 R、切线长 T、曲线长 L、外矢距 E，如图2-2中，$R=3000m$、$T=25.5m$、$L=51m$、$E=0.108m$。

（5）路线上的构筑物。当路线上设有桥涵、通道、立体交叉等人工构筑物时，应在其相应设计里程和高程处，按图例绘制并注明构筑物、种类、大小和中心里程桩号。

（6）道路交叉口。在纵剖面图上，应当标出相关道路交叉口的位置及相交道路的名称、桩号。

（7）水准点。沿线设置的水准点，按照其所在里程桩号注在设计路面高程线的上方，并注明编号、高程及相对路线的位置。

2.2.2 测设数据表的图示内容

测设数据表是设置在图样下方与图样相对应的表格，其内容、格式应当根据道路路线的具体情况而定，但通常应包括如下内容。

（1）地质情况。表示道路沿线的土质变化情况，应当注明每段土的土质名称。

（2）坡度与坡长。用细直线连接两个变坡点得到一条斜线，在斜线上方注明坡度，斜线下方注明坡长，单位以"m"计。

（3）设计路面高程。表明各里程桩的路面中心的设计高程，单位以"m"计，它是设计人员根据道路设计原理和相应设计规范确定的。

（4）原地面高程。表明各里程桩的路面中心的原地面高程，单位以"m"计，它是根据测量结果确定的。

（5）挖填情况。反映设计路面与原地面的标高差。

（6）里程桩号。按照比例标注里程桩号，通常有Km桩号、100m桩号、50m桩号、构筑物位置桩号、路线控制点桩号等。

（7）平面直线与曲线。为了反映路线的平面变化，根据路线平面变化的实际情况，结合纵断面图在测设数据表中的相应位置处，用直角折线表示平曲线的起止点，通常 ⌐‾ 表示左偏角的平曲线，‾¬ 表示右偏角的平曲线，并将曲线几何要素注明在此符号处。如图 2-2 中，在 K0+300.89 处道路左偏角度是 $16°30'7.84''$，转弯半径 $R=300m$，切线长 $T=43.5m$，曲线长 86.39m，外矢距值 $E=3.14m$。

2.2.3　纵断面图的识图方法

阅读城市道路纵剖面图，应当结合图样、高程标尺、测设数据表综合进行，并与平面图相对照，得出图样所要表达的确切内容。

（1）根据图样的纵、横比例和高程标尺确定道路沿线的高程变化，并与测设数据表中注明的高程对比，如误差较大，应当与设计人员商讨共同确定。

（2）读懂竖曲线及其几何要素的含义。图样中竖曲线的起止点均与里程桩号相对应，竖曲线的符号大小和实际大小均一致，且要理解所注明的各项曲线几何要素的意义，以便正确理解路线的竖向变化情况。

（3）根据路线中所标注的构筑物的图例、编号、位置桩号，正确理解构筑物的实际情况。

（4）找出沿线设置的已知水准点，并根据编号、位置查出已知的高程，为施工奠定基础。

（5）根据里程桩号、原地面高程、设计地面高程，搞清楚道路沿线的挖填情况。

（6）根据测设数据表中的坡度、坡长、平曲线示意符号、几何要素等资料，搞清路线的空间变化情况，形成一个整体的概念。

2.3　道路工程横断面图

道路横断面图是沿道路中心线垂直方向的断面图，图样中表示了机动车道、人行道、非机动车道、分隔带等部分的横向构造组成。

2.3.1　城市道路横断面的基本形式

1. 单幅路

车行道上不设分车带，以路面画线标志组织交通，或虽不作画线标志，但机动车在中间行驶，非机动车在两侧靠右行驶的称为单幅路，如图 2-3 所示。单幅路适用于机动车交通量不大，非机动车交通量小的城市次干路、大城市支路以及用地不足、拆迁困难的旧城市道路。当前，单幅路已经不具备机非错峰的混行优点，因为出于交通安全的考虑，即使混行也应用路面画线来区分机动车道和非机动车道。

2. 双幅路

用中间分隔带分隔对向机动车车流，将车行道一分为二的，称为双幅路，如图 2-4 所示。适用于单向两条机动车车道以上，非机动车较少的道路。有平行道路可供非机动车通行的快速路和郊区风景区道路以及横向高差大或地形特殊的路段，亦可采用双幅路。

城市双幅路不仅广泛使用在高速公路、一级公路、快速路等汽车专用道路上，而且已经广泛使用在新建城市的主、次干路上，其优点体现在以下几个方面：

（1）可通过双幅路的中间绿化带预留机动车道，利于远期流量变化时拓宽车道的需

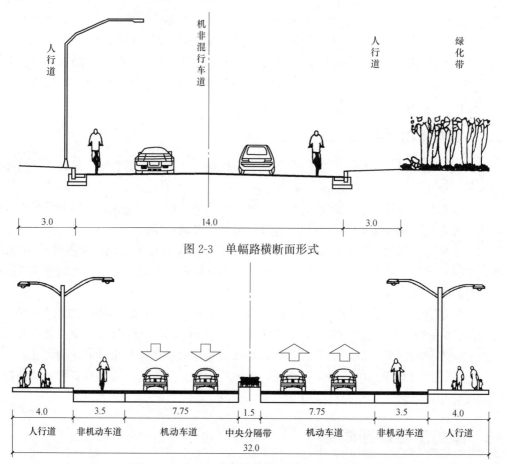

图 2-3　单幅路横断面形式

图 2-4　机非混行双幅路横断面形式（单位：m）

要。可以在中央分隔带上设置行人保护区，保障过街行人的安全。

（2）可通过在人行道上设置非机动车道，使得机动车和非机动车通过高差进行分隔，避免在交叉口处混行，影响机动车通行效率。

（3）有中央分隔带使绿化比较集中的生长，同时也利于设置各种道路景观设施。

3. 三幅路

用两条分车带分隔机动车和非机动车流，将车行道分为三部分的，称为三幅路。适用于机动车交通量不大，非机动车多，红线宽度大于或等于 40m 的主干道。

三幅路虽然在路段上分隔了机动车和非机动车，但把大量的非机动车设在主干路上，会使平面交叉口或立体交叉口的交通组织变得很复杂，改造工程费用高，占地面积大。新规划的城市道路网应尽量在道路系统上实行快、慢交通分流，既可提高车速，保证交通安全，还能节约非机动车道的用地面积。

使机动车和非机动车交通安全。当机动车和非机动车交通量都很大的道路相交时，双方没有互通的要求，只需建造分离式立体交叉口，将非机动车道在机动车道下穿过。对于主干路应以交通功能为主，也需采用机动车与非机动车分行方式的三幅路横断面。

4. 四幅路

用三条分车带使机动车对向分流、机非分隔的道路称为四幅路，如图 2-5 所示。适用于机动车量大，速度高的快速路，其两侧为辅路。也可用于单向两条机动车车道以上，非机动车多的主干路。四幅路还可用于中、小城市的景观大道，以宽阔的中央分隔带和机非绿化带衬托。

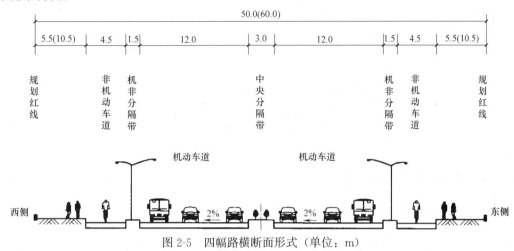

图 2-5　四幅路横断面形式（单位：m）

2.3.2　郊区道路横断面的基本形式

郊区道路主要是市区通往近郊工业区、风景区、文教区、铁路站场、机场和卫星城镇等的道路。道路以货运交通为主，行人与非机动车很少。其断面特点如下：明沟排水，车行道 2～4 条，路面边缘不设边石，路基基本处于低填方或不填不挖状态，无专门人行道，路面两侧设一定宽度的路肩，用以保护和支撑路面铺砌层或临时停车或步行交通用。其组成如图 2-6 所示。郊区道路的横断面形式如图 2-7 所示，在横断面图中，用粗实线表示路

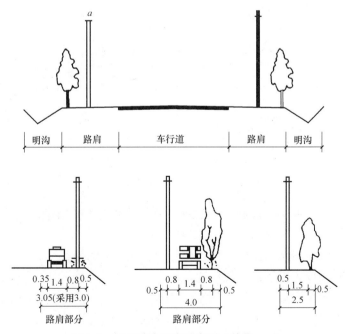

图 2-6　郊区道路组成示意图（单位：m）

面线、路肩线、边坡线等，用细实线表示原有地面线，用细点画线表示路中心线。

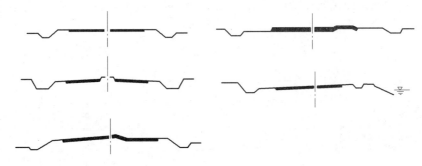

图 2-7　郊区道路横断面形式

2.3.3　城市道路横断面图的识图方法

（1）城市道路横断面的设计结果是采用标准横断面设计图表示。图样中，要表示出机动车道、非机动车道、人行道、绿化带及分隔带等几大部分。

（2）城市的道路，地上有电力、电信等设施，地下有给水管、排水管、污水管、煤气管、地下电缆等公用设施的位置、宽度、横坡度等，称为标准横断面图，如图 2-8 所示。

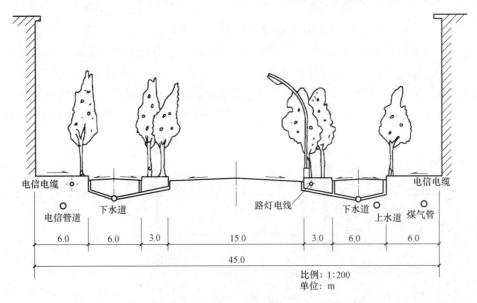

图 2-8　城市道路横断面图

（3）城市道路横断面图的比例，视道路等级要求而定，一般采用 1∶100、1∶200 的比例。

（4）用细点画线段表示道路中心线，车行道、人行道用粗实线表示，并注明构造分层情况，标明排水横坡度，图示出红线位置。

（5）用图例示意出绿地、房屋、河流、树木、灯杆等；用中实线图示出分隔带设置情况；注明各部分的尺寸，尺寸单位为 cm；与道路相关的地下设施用图例示出，并注以文字及必要的说明。

2.4　道路工程路基与路面施工图识图诀窍

2.4.1　道路路基施工图

　　道路路基是路面下用土石材料修筑，与路面共同承受行车荷载和自然力作用的条形结构物。路基的基本形式有路堤、路堑和半填半挖路基、护肩路基、护脚路基、砌石路基、挡土墙路基、矮墙路基、沿河路基和利用挖渠土填筑路基等类型，如图2-9所示。路基的

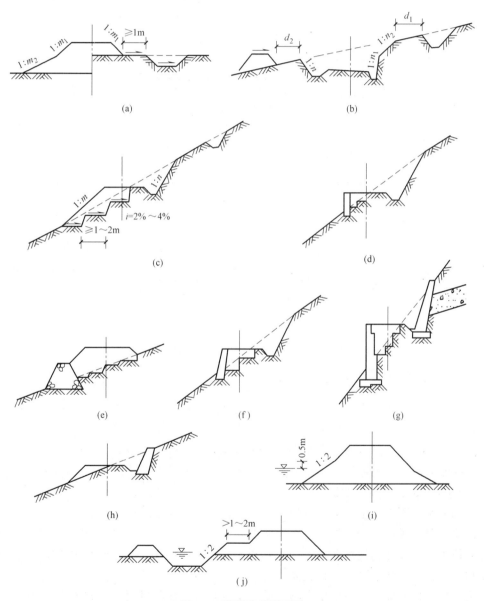

图2-9　道路路基断面图

（a）—一般路堤；（b）—一般路堑；（c）—半填半挖路基；（d）—护肩路基；（e）—护脚路基；（f）—砌石路基；
（g）—挡土墙路基；（h）—矮墙路基；（i）—沿河路基；（j）—利用挖渠土填筑路基

基本内容包括路基本体（由地面线、路基顶面和边坡围起的土石方实体）、路基防护和加固工程。

1. 道路路基横断面图

道路路基本体的结构一般不在路基横断面上表达，而在标准横断面或路基结构图上表达，或用文字说明，图 2-10 为 1～4 级公路整体式断面图。

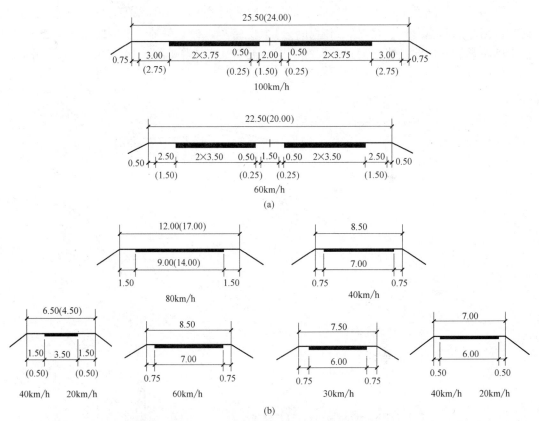

图 2-10　1～4 级公路整体式断面图（单位：m）

（a）一级公路整体式断面；（b）二、三、四级公路整体式断面

路基横断面图的作用是表达各里程桩处道路标准横断面与地形的关系，路基的形式、边坡坡度、路基顶面标高、排水设施的布置情况和防护加固工程的设计。

路基横断面的绘制方法是在对应桩号的地面线上，按标准横断面所确定的路基形式和尺寸、纵断面图上所确定的设计高程，将路基顶面线和边坡线绘制出来，俗称戴帽。

2. 高速公路路基横断面图

高速公路横断面是由中央分隔带、行车道、硬路肩和土路肩所组成。

高速公路设置中央分隔带以分离对向的高速行车车流，并用以设置防护栅、隔离墙、标志和植树。路绿带起视线诱导作用，有利于安全行车。中央分隔带常用的形式有三种，用植树、防眩板、防眩网来防止眩光。

高速公路横断面宽度应依据公路性质、车速要求、交通量而定，如图 2-11 所示。

3. 特殊路基设计图

在特殊的地质区域，为确保道路的长久耐用，需要对路基进行复杂的处理，其设计结

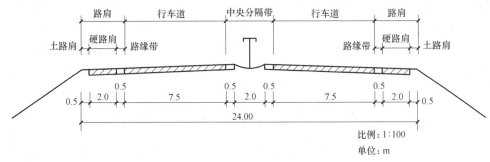

图 2-11　高速公路断面图

果要用特殊点路基设计图表达，如图 2-12 所示。图中用横断面图和局部大样图表达了高填量路基段道路路基的结构形式和采用的处理方案，实线表示施工时的路基形状和尺寸。如果在软土地基路段，还用虚线表示沉降稳定后的路基形状和尺寸，技术要求等在附注中给出。

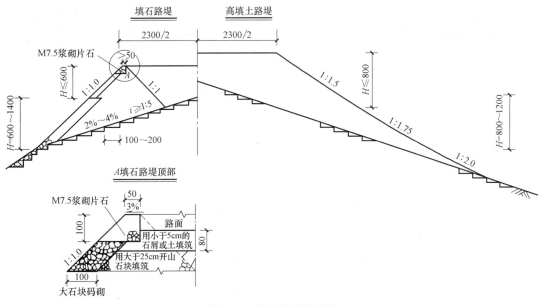

图 2-12　特殊路基设计图

注：1. 图中尺寸均以 cm 计。

2. 填石路堤顶部浆砌片石砌筑时应预留标志柱。

3. 路槽底面 80cm 范围内，石块粒径小于 5cm，并应分层填筑，嵌缝压实。

4. 在石料欠缺的填石路段，路堤内部可以用土或石屑填筑，但必须保证填石顶宽大于 50cm，内坡不陡于 1：1.0。

5. 位于梯田的填石或填土路堤，应清除表土，开挖台阶后方可填筑。

6. 填石路堤外侧为手摆干砌片石。路堤高度在 6m 以内时，其砌筑宽度为 1.0m；高度大于 6m 时，大于 6m 的部分砌筑宽度为 2.0m。

2.4.2　道路路面施工图

路面，就是在路基顶面以上行车道范围内，用各种不同材料分层铺筑而成的一种层状结构物。路面根据其使用的材料和性能不同，可划分为柔性路面和刚性路面两类。刚性路面主要是水泥混凝土路面的结构形式，其图示特点与钢筋混凝土相同。

路面构造主要包括行车道宽度、路拱、中央分隔带和路肩，以上各部分的关系已在标准横断面上表达清楚，但是路面的结构和路拱的形式等内容需绘制相关图样予以表达。

1. 路面结构图

典型的路面结构形式为：磨耗层、上面层、下面层、联结层、上基层、下基层和垫层，按由上向下的顺序排列，如图 2-13（a）所示。路面结构图的任务就是表达各结构层的材料和设计厚度。当路面结构类型单一时，可在横断面上竖直引出标注，如图 2-13（b）所示，当路面结构类型较多时，可按各路段不同的结构分别绘制路面结构图，并标注材料符号（或名称）即厚度，如图 2-13（c）所示。

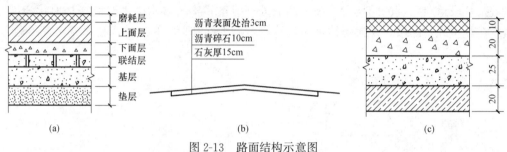

图 2-13　路面结构示意图
(a) 路面结构；(b) 引出标注法；(c) 断面表示法

（1）面层

面层是路面结构层最上面的一个层次，它直接同车轮和大气接触，受行车荷载等各种力的作用以及自然因素变化的影响最大，因此，面层材料应具备较高的力学强度和稳定性，且应当耐磨、不透水，表层还应有良好的抗滑性、防渗性。当面层为双层时，上面一层称面层上层，下面一层称面层下层，中、低级路面面层上所设的磨耗层和保护层亦包括在面层之内。

（2）基层

基层是路面结构层中的承重部分，主要承受车轮荷载的竖向力，并把由面层传下来的应力扩散到垫层或土基，因此，它应具有足够的强度和稳定性，同时应具有良好的扩散应力性能。基层遭受大气因素的影响虽然比面层小，但是仍然有可能经受地下水和通过面层渗入雨水的浸湿，所以基层结构应具有足够的水稳定性。基层表面虽不直接供车辆行驶，但仍然要求有较好的平整度，这是保证面层平整性的基本条件。

修筑基层的材料主要有各种结合料（如石灰、水泥或沥青等）、稳定土或稳定碎（砾）石、水泥混凝土、天然砂砾、各种碎石或砾石、片石、块石或圆石，各种工业废料（如煤渣、粉煤灰、矿渣、石灰渣等）和土、砂、石所组成的混合料等。

（3）垫层

垫层是介于基层和土基之间的层次，起排水、隔水、防冻或防污等多方面作用，但其主要作用为调节和改善土基的水温状况，以保证面层和基层具有必要的强度、稳定性和抗冻胀能力，扩散由基层传来的荷载应力，以减小土层所产生的变形。因此。通常在路基水温状况不良或有冻胀的土基上，都应在基层之下加设垫层。

修筑垫层的材料，强度要求不一定高，但水稳定性和隔温性能要好。常用的垫层材料分为两类，一类是由松散粒料如砂、砾石、炉渣等组成的透水性垫层；另一类是用水泥或石灰稳定土等修筑的稳定类垫层。

（4）联结层　联结层是在面层和基层之间设置的一个层次。它的主要作用是加强面层与基层的共同作用或减少基层的反射裂缝。

2. 路拱大样图

路拱采用什么曲线形式，应在图中予以说明，如抛物线线型的路拱，则应以大样的形式标出其纵、横坐标以及每段的横坡度和平均横坡度，以供施工放样使用，如图 2-14 所示。

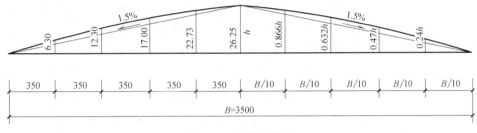

图 2-14　路拱大样图

3. 机动车道路面结构图

常见的机动车道路面结构大样图，如图 2-15 所示。

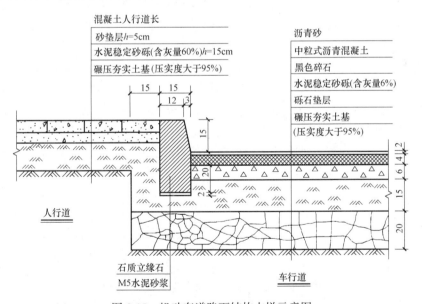

图 2-15　机动车道路面结构大样示意图

4. 人行道路面结构图

常见的人行道路面结构大样图，如图 2-16 所示。

5. 水泥路面接缝构造图

水泥混凝土路面，包括素混凝土、钢筋混凝土、连续配筋混凝土、预应力混凝土、装

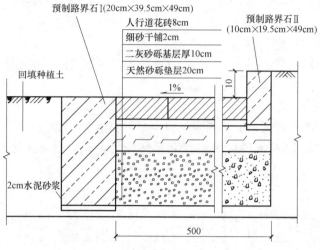

图 2-16　人行道路面结构大样示意图

配式混凝土、钢纤维混凝土和混凝土小块铺砌等面层板和基层组成的路面。目前采用最广泛的是就地浇筑的素混凝土路面，所谓素混凝土路面，是指除接缝区和局部范围外，不配置钢筋的混凝土路面。它的优点是：强度高、稳定性好、耐久性好、养护费用少、经济效益高、有利于夜间行车。但是，对水泥和水的用量大，路面有接缝，养护时间长，修复较困难。

　　接缝的构造与布置：混凝土面层是由一定厚度的混凝土板所组成，它具有热胀冷缩的性质。由于一年四季气温的变化，混凝土板会产生不同程度的膨胀和收缩。而在一昼夜中，白天气温升高，混凝土板顶面温度较底面为高，这种温度坡差会形成板的中部隆起。夜间气温降低，板顶面温度较底面为低，会使板的周边和角隅发生翘起的趋势，如图 2-17（a）所示。这些变形会受到板与基础之间的摩阻力和粘结力，以及板的自重车轮荷载等的约束，致使板内产生过大的应力，造成板的断裂［图 2-17（b）］或拱胀等破坏。由于翘曲而引起的裂缝，则在裂缝发生后被分割的两块板体尚不致完全分离，倘若板体温度均匀下降引起收缩，则将使两块板体被拉开，如图 2-17（c）所示，从而失去荷载传递作用。

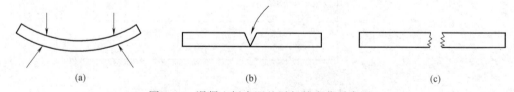

　　　　　(a)　　　　　　　　　　　　　(b)　　　　　　　　　　　　(c)

图 2-17　混凝土板由温差引起的变化示意图

(a) 周边和角隅翘起；(b) 开裂；(c) 由于均匀温度下降使两块板体被拉开

　　为避免这些缺陷，普通混凝土、钢筋混凝土、碾压混凝土或钢纤维混凝土面层板不得不在纵横两个方向设置许多接缝，把整个路面分割成为许多矩形板块。按接缝与行车方向之间的关系，可把接缝分为横缝与纵缝两大类，如图 2-18 所示。横缝是垂直于行车方向的接缝，共有三种：横向缩缝、膨胀缝和横向施工缝。横向缩缝保证板因温度和湿度的降低而收缩时沿该薄弱端面缩裂，从而避免产生不规则的裂缝。膨胀缝保证板在温度升高时能部分伸张，从而避免产生路面板在热天的拱胀和折断破坏，同时膨胀缝也能起到缩缝的作用。另外，混凝土路面每日施工结束或因临时原因中断施工时，必须设置横向施工缝，其位置应尽可能选在缩缝或膨胀缝处。

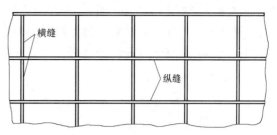

图 2-18　水泥混凝土板的分块与接缝

（1）膨胀缝的构造图

1）缝隙宽约 20～25mm。如施工时气温较高，或膨胀缝间距较短，应采用低限；反之，用高限。缝隙上部 3～4cm 深度内浇灌填缝料，下部则设置富有弹性的嵌缝板，它可由油浸或沥青制的软木板制成。

2）对于交通繁重的道路，为保证混凝土板之间能有效地传递荷载，防止形成错台，应在胀缝处板厚中央设置传力杆。传力杆一般长 40～60cm，为直径 20～25mm 的光圆钢筋，每隔 30～50cm 设一根。杆的半段固定在混凝土内，另半段涂以沥青，套上长约 8～10cm 的薄钢板或塑料筒，筒底与杆端之间留出宽约 3～4cm 的空隙，并用木屑与弹性材料填充，以利板的自由伸缩，如图 2-19（a）所示。在同一条胀缝上的传力杆，设有套筒的活动端最好在缝的两边交错布置。

3）由于设置传力杆需要钢材，故有时不设传力杆，而在板下用 C10 混凝土或其他刚性较大的材料，铺成断面为矩形或梯形的垫枕，如图 2-19（b）所示。当用炉渣石灰土等半刚性材料作基层时，可将基层加厚形成垫枕，结构简单，造价低廉。为防止水经过膨胀缝渗入基层和土层，还可以在板与垫枕或基层之间铺一层或两层油毛毡或 2cm 厚沥青砂。

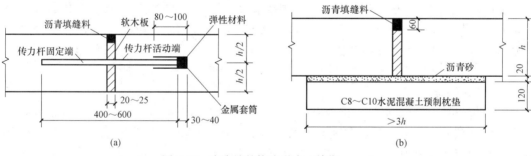

图 2-19　膨胀缝的构造形式（单位：mm）
(a) 传力杆式；(b) 枕垫式

（2）收缩缝的构造图

1）收缩缝一般采用假缝形式，如图 2-20（a）所示，即只在板的上部设缝隙，当板收缩时将沿此最薄弱断面有规则地自行断裂。收缩缝缝隙宽约 3～8mm，深度约为板厚的 1/5～1/4，一般为 5～6cm，近年来国外有减小假缝宽度与深度的趋势。假缝缝隙内亦需浇灌填缝料，以防地面雨水下渗及石砂杂物进入缝内。但是实践证明，当基层表面采用了全面防水措施之后，收缩缝缝隙宽度小于 3mm 时，可不必浇灌填缝料。

2）由于收缩缝缝隙下面板断裂面凹凸不平，能起一定的传荷作用，一般不必设置传力杆；但对交通繁忙或地基水文条件不良路段，也应在板厚中央设置传力杆。这种传力杆长度约为 30～40cm，直径 14～16mm，每隔 30～60cm 设一根，如图 2-20（b）所示，一般全部锚固在混凝土内，以使缩缝下部凹凸面的传荷作用有所保证；但为便于板的翘曲，有时也将传力杆半段涂以沥青，称为滑动传力杆，而这种缝称为翘曲缝。应当补充指出，当在膨胀缝或收缩缝上设置传力杆时，传力杆与路面边缘的距离，应较传力杆间距小些。

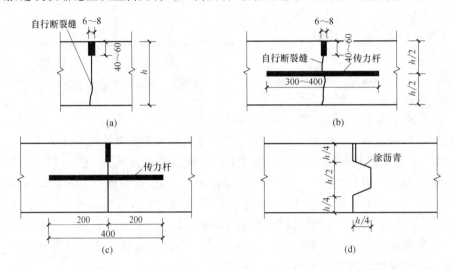

图 2-20　收缩缝的构造形式示意图（单位：mm）

(a) 无传力杆的假缝；(b) 有传力杆的假缝；(c) 有传力杆的工作缝；(d) 企口式工作缝

（3）施工缝的构造图

施工缝采用平头缝或企口缝的构造形式。平头缝上部应设置深为 3～4cm、宽为 5～10mm 的沟槽，内浇灌填缝料。为利于板间传递荷载，在板厚的中央也应设置传力杆，如图 2-20（c）所示。传力杆长约 40cm，直径 20mm，半段锚固在混凝土中，另半段涂沥青，亦称滑动传力杆。如不设传力杆，则要专门的拉毛模板，把混凝土接头处做成凹凸不平的表面，以利于传递荷载。另一种形式是企口缝，如图 2-20（d）所示。

（4）纵缝的构造图

1）纵缝是指平行于混凝土行车方向的那些接缝。纵缝一般按 3～4.5m 设置，这对行车和施工都较方便。当双车道路面按全幅宽度施工时，纵缝可做成假缝形式。对这种假缝，国外规定在板厚中央应设置拉杆，拉杆直径可小于传力杆，间距为 1.0m 左右，锚固在混凝土内，以保证两侧板不致被拉开而失掉缝下部的颗粒嵌锁作用，如图 2-21（a）所示。

2）当按一个车道施工时，可做成平头纵缝，如图 2-21（b）所示，它是当半幅板做成后，对板侧壁涂以沥青，并在其上部安装厚约 10mm、高约 40mm 的压缝板，随即浇筑另半幅混凝土，待硬结后拔出压缝板，浇灌填缝料。

3）为利于板间传递荷载，也可采用企口式纵缝，如图 2-21（c）所示，缝壁应涂沥青，缝的上部也应留有宽 6～8mm 的缝隙，内浇灌填缝料。为防止板沿两侧拱横坡爬动拉开和形成错台，以及防止横缝错开，有时在平头式及企口式纵缝上设置拉杆，如图 2-21（c）、(d) 所示，拉杆长 500～700mm，直径 18～20mm，间距 1.0～1.5m。

4）对多车道路面，应每隔 3～4 车道设一条纵向膨胀缝，其构造与横向膨胀缝相同。当路旁有路缘石时，缘石与路面板之间也应设膨胀缝，但不必设置传力杆或垫枕。

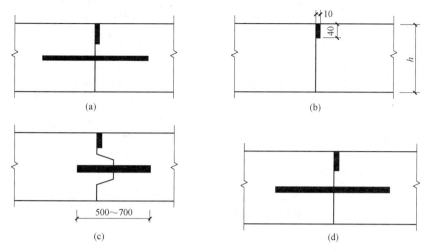

图 2-21 纵缩缝的构造形式示意图（单位：mm）

（a）假缝带拉杆；（b）平头纵缝；（c）企口式纵缝加拉杆；（d）平头纵缝加拉杆

6. 水泥混凝土路面结构图

水泥混凝土路面结构图如图 2-22 所示，当采用路面结构图 A 时，图中标注尺寸为 30cm，则表示路面基层的顶面靠近硬路肩处比路面宽 30cm，并以 1：1 的坡度向下分布。

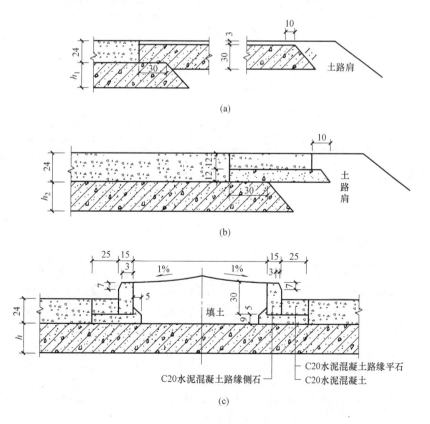

图 2-22 水泥混凝土路面结构图（一）

（a）路面结构图 A（1：20）；（b）路面结构图 B（1：20）；（c）中间带构造图（1：20）

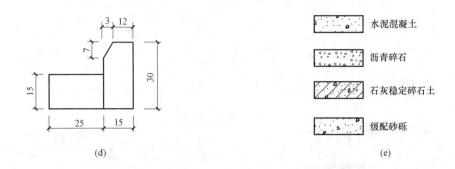

(d)　　　　　　　　　　　　　　　(e)

图 2-22　水泥混凝土路面结构图（二）
(d) 水泥混凝土缘石大样图（1∶10）；(e) 图例

7. 沥青混凝土路面结构图

沥青混凝土路面结构图如图 2-23 所示。

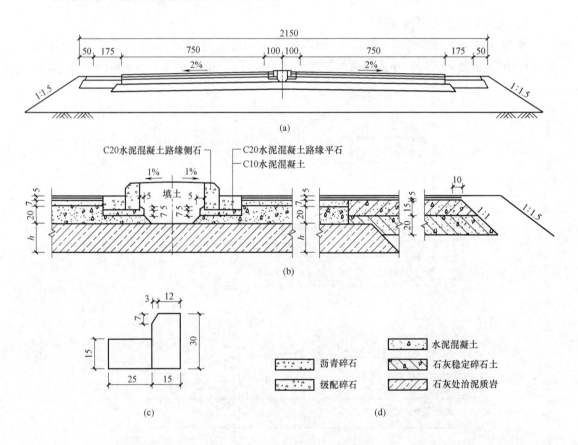

图 2-23　某沥青混凝土路面结构图
(a) 沥青混凝土路面横断面图（1∶100）；(b) 中央分隔带及路面结构图（1∶20）；
(c) 缘石大样图（1∶10）；(d) 图例

（1）路面横断面图　路面横断面图表示行车道、路肩、中央分隔带的尺寸，以及路拱的坡度等。

（2）路面结构图　用示意图的方式画出并附图例表示路面结构中的各种材料，各层厚度用尺寸数字表示，如图 2-23 中沥青混凝土的厚度为 5cm，沥青碎石的厚度为 7cm，石灰稳定碎石土的厚度为 20cm。行车道路面底基层与路肩的分界处，其宽度超出基层 25cm 后以 1∶1 的坡度向下延伸。

（3）中央分隔带和缘石大样图　中央分隔带处的尺寸标注及图示，说明两缘石中间需要填土，填土顶部从路基中线向两缘石倾斜，坡度为 1‰。应标出路缘石和底座的混凝土强度等级、缘石的各部尺寸，以便按图施工。

2.5　道路工程交叉口施工图识图诀窍

2.5.1　道路平面交叉口施工图

1. 平面交叉口的类型

1）十字形交叉　如图 2-24（a）所示，十字形交叉的相交道路是夹角在 90°或 90°±15°范围内的四路交叉。这种路口形式简单，交通组织方便，街角建筑易处理，适用范围广，是常见的最基本的交叉口形式。

2）"X"形交叉　如图 2-24（b）所示，"X"形交叉是相交道路交角小于 75°或大于 105°的四路交叉。当相交的锐角较小时，将形成狭长的交叉口，对交通不利，特别对左转弯车辆，锐角街口的建筑也难处理。因此，当两条道路相交，如不能采用十字形交叉口时，应尽量使相交的锐角大些。

3）"T"形交叉　如图 2-24（c）所示，"T"形交叉的相交道路是夹角在 90°或 90°±15°范围内的三路交叉。这种形式交叉口与十字形交叉口相同，视线良好、行车安全，也是常见的交叉口形式。

4）"Y"形交叉　如图 2-24（d）所示，"Y"形交叉是相交道路交角小于 75°或大于 105°的三路交叉。处于钝角的车行道缘石转弯半径应大于锐角对应的缘石转弯半径，以使线型协调，行车通畅。"Y"形与"X"形交叉均为斜交路口，其交叉口夹角不宜过小，角度小于 45°时，视线受到限制，行车不安全，交叉口需要的面积增大，因此，一般的斜交角度适宜大于 60°。

5）错位交叉　如图 2-24（e）所示，两条道路从相反方向终止于一条贯通道路而形成两个距离很近的"T"形交叉所组成的交叉即为错位交叉。规划阶段应尽量避免为追求街景而形成的近距离错位交叉。由于其距离短，交织长度不足，而使进出错位交叉口的车辆不能顺利行驶，从而阻碍贯通道路上的直行交通。由两个"Y"形连续组成的斜交错位交叉的交通组织将比"T"形的错位交叉更为复杂。因此规划与设计时，应尽量避免双"Y"形错位交叉。

6）多路交叉　如图 2-24（f）所示，多路交叉是由五条以上道路相交成的道路路口，又称为复合型交叉路口。道路网规划中，应避免形成多路交叉，以免交通组织的复杂化。已形成的多路交叉，可以设置中心岛改为环形交叉，或封路改道，或调整交通，将某些道路的双向交通改为单向交通。

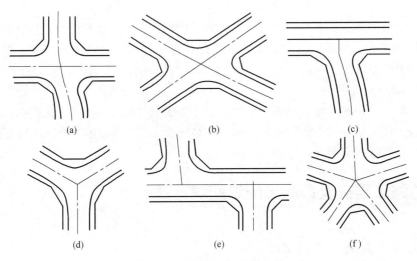

图 2-24　平面交叉口的形式

（a）十字形交叉；（b）"X"形交叉；（c）"T"形交叉；（d）"Y"形交叉；

（e）错位交叉；（f）多路交叉

2. 平面交叉口冲突点

在平面交叉口处不同方向的行车往往相互干扰，行车路线往往在某些点处相交、分叉或汇集，专业上将这些点分别称为冲突点、分流点和交织点。如图 2-25 所示，为五路交叉口各向车流的冲突情况，图中箭线表示车流，黑点表示冲突点。

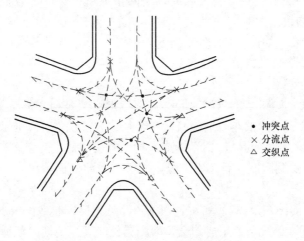

● 冲突点
× 分流点
△ 交织点

图 2-25　平面交叉口处的冲突点

3. 交叉口交通组织

交通组织就是把各向各类行车和行人在时间和空间上进行合理安排，从而尽可能地消除"冲突点"，使得道路的通行能力和安全运行达到最佳状态。平面交叉口的交通组形式有：环形、渠化和自动化交通组织等。环形组织形式是指"变左转为右转"减少冲突，如图 2-26 所示。渠化组织形式是指实现人车的分道单向行驶，如图 2-27 所示。

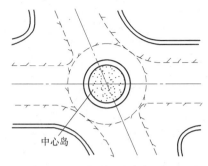

图 2-26　环形组织形式交通组织图

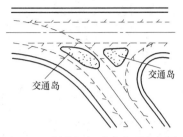

图 2-27　渠化组织形式交通组织图

4. 平面交叉口的表达内容

（1）平面图

1）道路中心线用点画线表示。为了表示道路的长度，在道路中心线上标有里程。

2）道路在交叉口处连接关系比较复杂时，为了清晰表达相交道路的平面位置关系和交通组织设施等，道路交叉口平面图的绘图比例较路线平面图大得多。以便车行道、人行道的分布和宽度等可按比例画出。

（2）纵断面图　交叉口纵断面图是沿相交两条道路的中线分别作出，其作用与内容均与道路路线纵断面基本相同。

（3）竖向设计图　交叉口竖向设计任务是表达交叉口处路面在竖向的高程变化，以保证行车平顺和排水通畅，常用的设计高程表示方法有以下几种：

1）刚性路面。水泥混凝土路面的设计高程数值应注在板角处，并加注括号。在同一张图纸中可以省略设计高程相同的整数部分，但应在图中说明，如图 2-28（a）所示。

2）网格法。用网格法表示的平交路口，其高程数值宜标注在网格交点的右上方，并加括号。若各测点高程的整数部分相同时可省略整数位，小数点前可不加"0"定位，整数部分在图中注明，如图 2-28（b）所示。

3）坡度法。对于比较简单的交叉口可仅标注控制点的高程、排水方向及其坡度。排水方向可采用单边箭头表示，如图 2-28（c）所示。

4）等高线。用等高线表示的平交路口，等高线宜用细实线表示，并每隔四条用中粗实线绘制一条计曲线，如图 2-28（d）所示。

5. 平面交叉口施工图的识图要求

平面交叉口施工图是道路施工放线的主要依据和标准，因此，在施工前每位施工技术人员必须将施工图所表达的内容全部弄清楚。施工图一般包括交叉口平面设计图和交叉口立面设计图。

（1）交叉口平面设计图的识图要求：必须认真了解设计范围和施工范围，并且掌握好相交道路的坡度和坡向，同时还需了解道路中心线、车行道、人行道、缘石半径、进水、排水等位置。

（2）交叉口立面设计图的识图要求：首先必须了解路面的性质与所采用的材料，然后掌握旧路现况等高线、设计等高线和了解方格网的具体尺寸，最后了解膨胀缝的位置和膨胀缝所采用的材料。

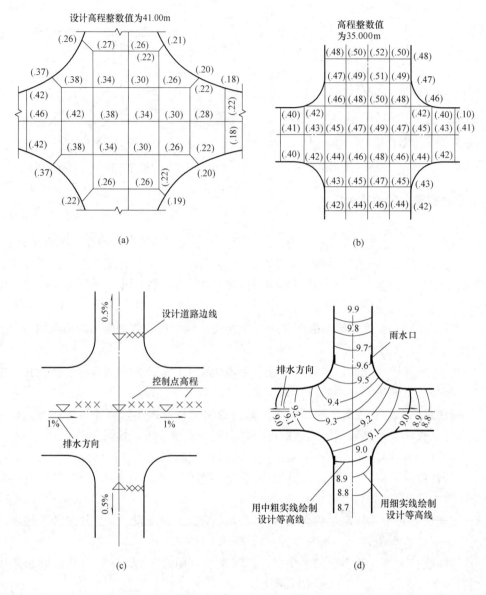

图 2-28　竖向设计图的表达方法

(a) 刚性路面；(b) 网格法；(c) 坡度法；(d) 等高线

现以图 2-29 为例，说明某平面交叉口设计图的读图方法和步骤。

(1) 该图比例为 1∶500，比公路路线图比例大。

(2) 交叉口的形式为 "X" 形，图中内容包括道路、地形地物两部分。

(3) 中间的两条绿化带将断面划分为 "三块板" 布置形式；机动车道的标准宽度为 16m，非机动车道为 7m，人行道为 5m，中间两条分隔带宽度均为 2m，图中两同心标准实线圆表示交通岛，同心点画线圆表示环岛车道中心线。

(4) 该交叉口所处地段地势平坦，等高线稀疏，用大量的地形测点表示高程，北段道路需占用沿路两侧的一些土地。

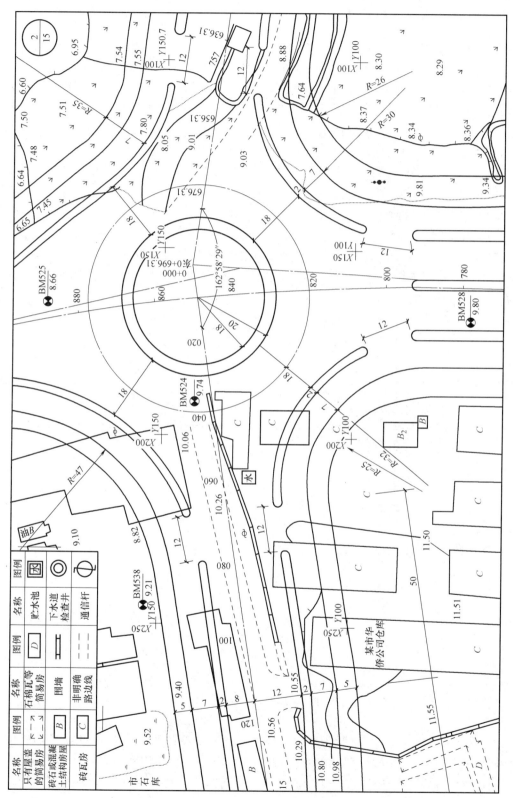

图2-29 某平面交叉口设计图

名称	图例	名称	图例	名称	图例
只有屋盖的简易房	〔一〕	石棉瓦等简易房	D	贮水池	田
砖石或混凝土结构房屋		围墙	B	下水道检查井	◎
砖瓦房		非明确路边线	C	通信杆	⌽

2.5.2 道路立体交叉口施工图

1. 立体交叉的概念

立体交叉是指交叉道路在不同标高相交时的道口，在交叉处设置跨越道路的桥梁，一条路在桥上通过，一条路在桥下通过，各相交道路上的车流互不干扰，保证车辆快速安全地通过交叉口，这样不仅提高了通行能力和安全舒适性，而且节约能源，提高了交叉口现代化管理水平。但是，大型的立体交叉往往占地较多，投资较大，对立交周边环境也有一定影响，故在市区建设大型立交应进行交通量、交通类型、工程造价、地形地貌、用地规模、环境协调等多方面的综合考虑。并根据所在城市路网中的位置，对市中心城区和城市快速系统中的立交区别对待，进行立交选型分析。

2. 立体交叉的类型

（1）按网络系统分类

1）枢纽型。枢纽型立交是中、长距离，大交通量高等级道路之间的立体交叉，如图 2-30 所示。适用于高速公路之间、城市快速路之间、高速公路和城市快速路相互之间及与重要汽车专用道之间。

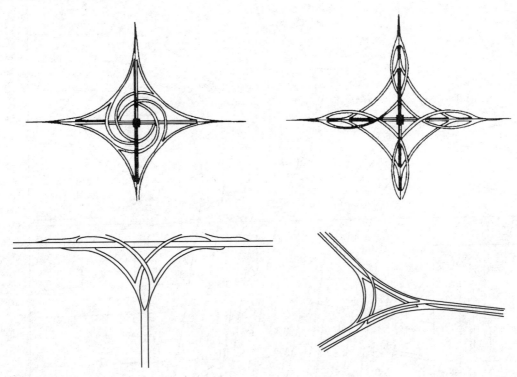

图 2-30　市区枢纽型互通式立交常见形式

2）服务型。服务型立交又称为一般互通立交，是高等级道路与低等级或次级道路之间的立体交叉，如图 2-31 所示。适用于高速公路与其沿线城市出入干道或次要汽车专用道之间，城市快速路或重要汽车专用道与其沿线城市主干路或次级道路之间，以及为地区服务的城市主干路与城市主干路之间等。

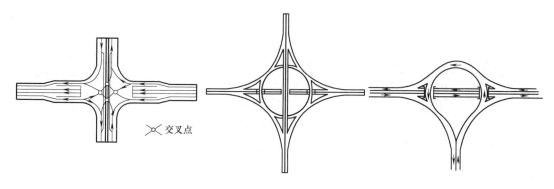

图 2-31 市区服务型互通式立交常见形式

3）疏导型。疏导型立交仅限地区次要道路上的交叉口，交叉口交通量已足使相交道路交通不畅，行车安全受到影响，平面交叉口出现阻塞现象时，从提高交叉口通行能力出发，对交叉口临界交通流向进行立体化疏导，以改善交叉口交通状态，提高服务水平。

（2）按交通组织特性分类

1）无交织型。所有交通流向除了具有专用匝道之处，不会因为进出相交道路相互之间产生交织运行，即进入车辆与驶出车辆不发生交织，也不因合流后再通过交织分流。

2）有交织型。相对无交织而言，各交通流向即便具有专用匝道，也会因某些外部条件的限制造成道路转向车流先进后出从而产生交织。

3）有平交型。有平交型是针对部分互通及简单互通立交而言的，在受投资规模限制、转向交通流向不能全部一一设置专用匝道的情况下，将一些次要交通流向集中于平面交叉口，以交通管理组织交通，将有限的资金集中解决主要交通矛盾。

（3）按是否可以互通交通分类

根据相交道路上是否可以互通交通，可将立体交叉分为分离式、定向互通和全互通，如图 2-32（a）、（b）、（c）所示。

（4）按几何形状分类

如果根据立体交叉在水平面上的几何形状来分，可分为喇叭形、苜蓿叶式等，而且各种形式又可以有多种变形，如图 2-32（d）、（e）、（f）所示。

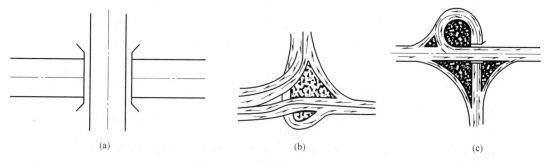

| (a) | (b) | (c) |

图 2-32 立体交叉的分类（一）

（a）分离式；（b）定向互通；（c）全互通

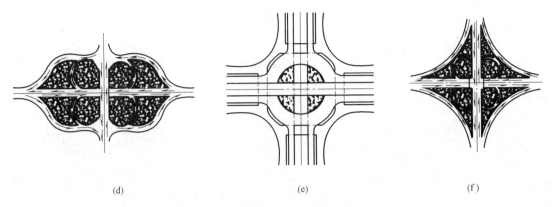

(d)　　　　　　　　　　　(e)　　　　　　　　　　　(f)

图 2-32　立体交叉的分类（二）
(d) 喇叭形互通；(e) 2 层苜蓿叶式互通；(f) 3 层苜蓿叶式互通

3. 立体交叉的作用

无论何种形式的立体交叉，所要解决的问题就是消除或部分消除各向车流的冲突点，也就是将冲突点处的各向车流组织在空间的不同高度上，使各向车流分道行驶，从而保证各向车流在任何时间都连续行驶，提高交叉口处的通行能力和安全舒适性。

4. 立体交叉的表达内容

（1）平面设计图

1）比例。立体交叉工程建设规模宏大，但为了读图方便，工程上一般将立体交叉主体尽可能布置在一张图幅内，因此绘图比例较小。

2）方位。用指北针与大地坐标网表示方位。

3）地形。用等高线和地形测点表示地形。

4）结构物。在立体交叉平面设计图上，沿线桥梁、涵洞、通道等结构物均按类编号，以引出线标注。

（2）纵断面图

立体交叉纵断面图的图示方法与平面交叉纵断面图的图示方法基本相同，只是为了使道路横向与纵向的对应关系表达得更清晰，在图样部分和测设数据表中增加了横断面形式这一内容，这种图示方法更适应于立体交叉横断面表达复杂的需要。

（3）连接部位设计图

连接部位设计图包括连接位置图、连接部位大样图、分隔带断面图和标高数据图。

1）连接位置图是在立体交叉平面示意图上，标出两条连接道路的连接位置。

2）连接部位大样图是用局部放大的图示方法，把立体交叉平面图上无法表达清楚的道路连接部位单独绘制成图。

3）分隔带横断面图是将连接部位大样图尚未表达清楚的道路分隔带的构造用更大的比例尺绘出。

4）连接部位标高数据图是在立体交叉平面图上标示出主要控制点的设计标高。

现以图 2-33 为例，说明某立体交叉口平面设计图的读图方法和步骤。

（1）该图包括立体交叉口的平面设计形式、各组成部分的相互位置关系、地形地物以及建设区域内的附属构筑物。该立体交叉的交叉方式为主线下穿式，平面几何图样为双喇

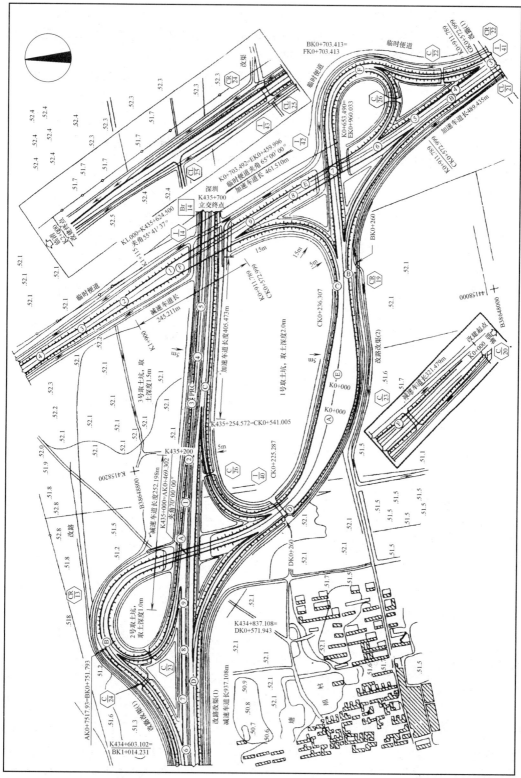

图 2-33 某立体交叉口平面设计图

叭形，交通组织类型为双向互通。

（2）该图比例为 1：4000。

（3）图中用指北针与大地坐标网表示方位，用等高线和地形测点表示地形，城镇、低压电线和临时便道等地物用相应图例表示得极为详尽。

（4）在立体交叉平面设计图上，沿线桥梁、涵洞、通道等结构物均按类编号，以引出线标注。

（5）在立体交叉平面设计图上，各匝道的里程计算和标注方法是：Ⓐ—Ⓐ匝道和Ⓔ—Ⓔ匝道从它们的交点（AK0＋000 或 EK0＋000）开始，各自计算和标注里程，与它们后接的匝道以其交接点处的桩号为起始点连续计算里程。

桥梁工程图识图诀窍

3.1 桥梁的组成与分类

3.1.1 桥梁的组成

桥梁一般由上部结构、下部结构和附属结构三部分组成，如图 3-1 所示。

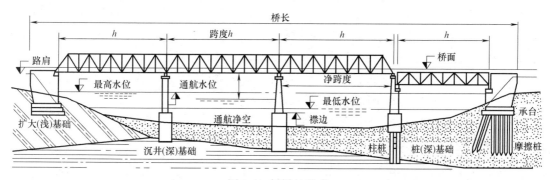

图 3-1 桥梁的组成

1）桥梁上部结构包括跨越结构和桥面系统。跨越结构直接承受桥上交通荷载并通过支座传给墩台，是线路遇到障碍而中断时，跨越障碍的主要承载结构。桥面系统包括公路桥的行车道铺装、排水防水系统、人行道、安全带、路缘石、栏杆、电力装置、伸缩缝等。

2）桥梁下部结构也叫支承结构，包括桥墩、桥台和基础〔图中从左至右依次是：扩大（浅）基础、沉井（深）基础、桩深基础〕。桥梁下部结构主要支承桥跨结构并将恒载和活载传至地基。

3）桥梁的组成除上、下部结构体系外，往往还需建造一些附属结构物，如路堤、挡土墙、护坡、导流堤、检查设备、台阶扶梯、导航装置等，来抵御水流的冲刷，防止路堤填土坍塌等。

3.1.2　桥梁的分类

桥梁有各种不同的分类方式，每一种分类方式均反映出桥梁在某一方面的特征。

1. 按桥梁全长和跨径分类

按桥梁全长和跨径不同，将其划分为特大桥、大桥、中桥和小桥，其划分标准见表 3-1。

表 3-1

城市桥梁按总长或跨径分类

桥梁分类	多孔跨径总长 L_d(m)	单孔跨径总长 L_b(m)
特大桥	$L_d \geqslant 500$	$L_b \geqslant 100$
大桥	$100 \leqslant L_d < 500$	$40 \leqslant L_b < 100$
中桥	$30 \leqslant L_d < 100$	$20 \leqslant L_b < 40$
小桥	$8 \leqslant L_d < 30$	$5 \leqslant L_b < 20$

注：多孔跨径总长，仅作为划分特大、大、中、小桥的一个指标。

2. 按用途、材质等分类

（1）按用途来划分，有公路桥、铁路桥、公铁两用桥、农桥、人行桥、水运桥、管线桥等。公路桥活载相对较轻，桥宽大。铁路桥活载大，桥宽小，结实耐用且易于修复。

（2）按照主要承重结构所用的材料划分，有圬工桥（包括砖、石、混凝土桥）、钢桥、钢筋混凝土桥、预应力混凝土桥、结合桥和木桥等。钢桥具有较大的跨越能力，在跨度上一直处于领先地位。钢与混凝土形成的结合桥主要指钢梁与钢筋混凝土桥面板组合成的梁式桥。

（3）按跨越障碍的性质，可分为跨河桥、立交桥、高架桥和栈桥。高架桥一般是指跨越深沟峡谷以替代高路基的桥梁以及在城市中跨越道路的桥梁。

（4）按桥跨结构的平面布置，可分为直桥、斜交桥和弯桥。绝大部分桥梁为直桥（正交桥），斜桥指水流方向同桥的轴线不呈直角相交的桥。

（5）按上部结构的行车道，分为上承式桥、中承式桥和下承式桥。

3. 按桥梁结构体系分类

（1）梁式桥

梁式桥包括梁桥和板桥两种，主要承重构件是梁（板），梁部结构只受弯、剪，不承受轴向力，主要以其抗弯能力来承受荷载。桥梁的整体结构在竖向荷载作用下无水平反力，只承受弯矩，墩台也仅承受竖向压力。梁桥结构简单，施工方便，对地基承载能力的要求不高，跨越能力有限，常用跨径在 25m 以下，如图 3-2 所示。

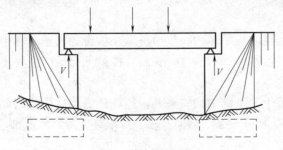

图 3-2　梁式桥简图

梁式桥体系分实腹式和空腹式，前者梁的截面形式多为 T 形、工字形和箱形等，后者指主要由拉杆、压杆、拉压杆以及连接件组成的桁架式桥跨结构，如图 3-3 所示。

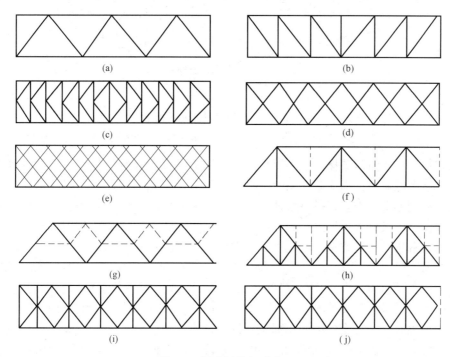

图 3-3 梁式桥桁架形式

(a) 三角形桁架（华伦式）；(b) 斜杆形桁架（柏式）；(c) K 形桁架；(d) 菱形桁架（双三角形）；
(e) 多重腹杆桁架；(f) 带竖杆的三角形桁架；(g) 带辅助支撑（虚缘）的三角形桁架；
(h) 带副桁架及辅助支撑的三角形桁架；(i) 带竖杆的菱形桁架；(j) 常用于联结系的菱形桁架

悬臂梁和连续梁桥通过增加中间支承减少跨中弯矩，更合理地分配内力，加大跨越能力，如图 3-4 所示。

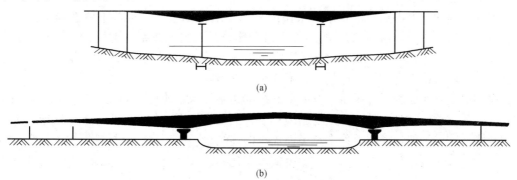

图 3-4 悬臂梁桥和连续梁桥

(a) 悬臂梁桥；(b) 连续梁桥

（2）拱桥

拱桥的建造经济、合理，有很大跨越能力，外形美观大方。拱桥的主要承重结构是拱圈或拱肋，拱圈的截面形式可以是实体矩形、肋形、箱形、桁架等，如图 3-5 所示。

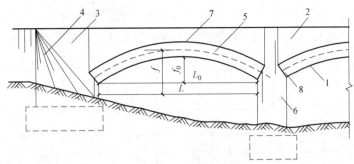

图 3-5   拱桥的组成部分示意图

1—拱圈；2—拱上结构；3—桥台；4—锥坡；5—搭轴线；6—桥墩；7—拱顶；8—拱脚

拱式结构在竖向荷载作用下主要承受轴向压力，桥墩或桥台将承受很大的水平推力，这种水平推力能显著抵消荷载在拱圈或拱肋内引起的弯矩。因此，与同样跨径的梁相比，拱的弯矩和变形要小得多。拱桥对地基承载力要求较高，拱桥宜建于地基良好地段。按照静力学分析，拱又分成单铰拱、双铰拱、三铰拱和无铰拱，但因铰的构造较为复杂，一般避免采用，常用无铰拱体系。

（3）悬索桥

悬索桥主要由索（缆）、塔、锚碇、加劲梁等组成。现代悬索桥的悬索一般均支承在两个塔柱上。塔顶设有支承悬索的鞍形支座。承受很大拉力悬索的端部通过锚碇固定在地基中，个别也有固定在刚性梁的端部者，称为自锚式悬索桥。

对跨度小、活载大且加劲梁较刚劲的悬索桥，可以视为缆与梁的组合体系。但大跨度悬索桥的主要承重结构为缆，组合体系效应可以忽略。在竖向荷载作用下，其悬索受拉，锚碇处会产生较大向上的竖向反力和水平反力。悬索是由高强度钢丝制成的圆形大缆，加劲梁则多采用钢桁架或扁平箱梁，桥塔可采甩钢筋混凝土或钢架。因悬索的抗拉性能得以充分发挥且大缆尺寸基本上不受限制；故悬索桥的跨越能力在各种桥型中具有无可比拟的优势。但是由于悬索结构刚度不足，悬索桥较难满足铁路用桥的要求。

（4）组合体系桥

根据结构的受力特点，承重结构采用两种基本结构体系或一种基本体系与某些构件（塔、柱、斜索等）组合在一起的桥梁称为组合体系桥。组合体系种类很多，但一般都是利用梁、拱、吊三者的不同组合，上吊下撑以形成新的结构。在两种结构系统中，梁经常是其中一种，与梁组合的则可以是拱、缆或塔、斜索等。

梁和拱组合而成的系杆拱桥，其中梁和拱都是主要承重构件，如图 3-6 所示。梁和拉索组成的斜拉桥，它是一种由主梁与斜缆相组合的组合体系，如图 3-7 所示。悬挂在塔柱上的斜缆将主梁吊住，使主梁像多点弹性支承的连续梁一样工作，这样既发挥了高强材料

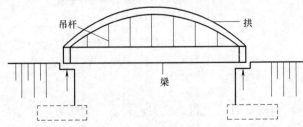

图 3-6   系杆拱桥简图

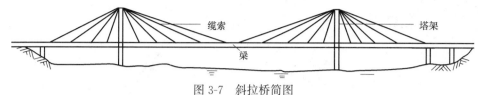

图 3-7　斜拉桥简图

的作用，又显著减少了主梁截面，使结构自重减轻，从而能跨越更大的空间。

3.2　桥梁基坑、基础工程图

3.2.1　桥梁基坑工程图

1. 地下连续墙护壁

地下连续墙护壁是在黏性土、砂土以及冲填土等软土层中的基础和地下工程应用较多的一项技术。它是一道连续的钢筋混凝土墙壁，作为截水、防渗、承重、挡土结构，多用于建筑物的深基础，地下深地、坑、竖井侧墙、邻近建筑物基础的支护及水工结构或临时围堰工程等，特别适用作挡土、防渗结构。图 3-8 为地下连续墙的导墙形式，图 3-9 为地

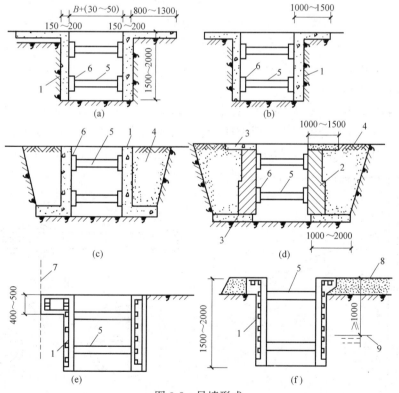

图 3-8　导墙形式

（a）导沟内现浇混凝土导墙；（b）T 形导墙（表土较差）；（c）L 形导墙；

（d）砖砌导墙；（e）保护相邻结构做法；（f）地下水位高时做法

1—混凝土导墙；2—砂浆砌砖、厚 370～490mm；3—钢筋混凝土板；4—回填土夯实；

5—横撑；6—垫板及木楔；7—相邻建筑物；8—堆土；9—地下水位；B—连续钻机宽

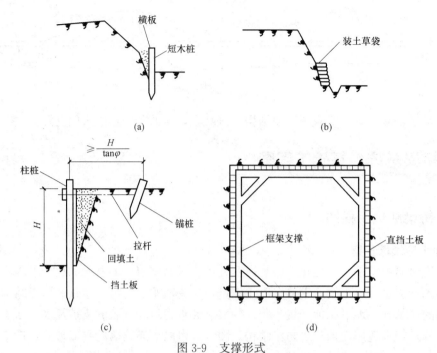

图 3-9　支撑形式

（a）短桩横隔板支撑；（b）临时挡土墙护坡支撑；（c）锚固支撑；（d）框架支撑

H—基坑深度；φ—土的内摩擦角

下连续墙的支撑形式。

2. 土层锚杆支护

土层锚杆由锚头、拉杆和锚固体三部分组成，其主要构造如图 3-10 和图 3-11 所示。土层锚杆根据使用性质分临时性土层锚杆和永久性土层锚杆两类。该支护方法是在地面或深开挖的地下挡土墙或地下连续墙或基坑立壁未开挖的土层中钻孔，达到一定设计深度后，

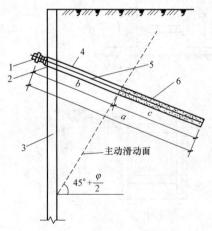

图 3-10　土层锚杆构造图

1—锚头；2—锚头垫座；3—支护；

4—钻孔；5—锚固拉杆；6—锚固体

a—锚杆长度；b—非锚固段长度；c—锚固段长度

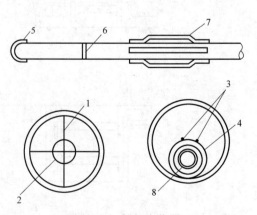

图 3-11　锚杆定位器

1—钢带；2—ϕ38 钢管内穿 ϕ32 拉杆；

3—ϕ32 钢筋；4—ϕ65 钢管；5—挡土板；

6—半圆环；7—支承滑条；8—灌浆胶管

再扩大孔的端部，形成球状或其他形状，并在孔内放入钢筋、钢管或钢丝束、钢绞线或其他抗拉材料，灌入水泥浆或化学浆液，使与土层结合成为抗拉力强的锚杆，以维持工程构筑物所支护地层的稳定性。

3. 围堰

围堰是保证基础工程开挖、砌筑、浇筑等的临时挡水构筑物。此种设施方法简单，材料易筹备，宜在基础较浅、地质不复杂、水深不超过 6m 时采用。

主要围堰的形式和适用范围见表 3-2。

主要围堰的形式和适用范围　　**表 3-2**

类型	图示	适用范围
土围堰	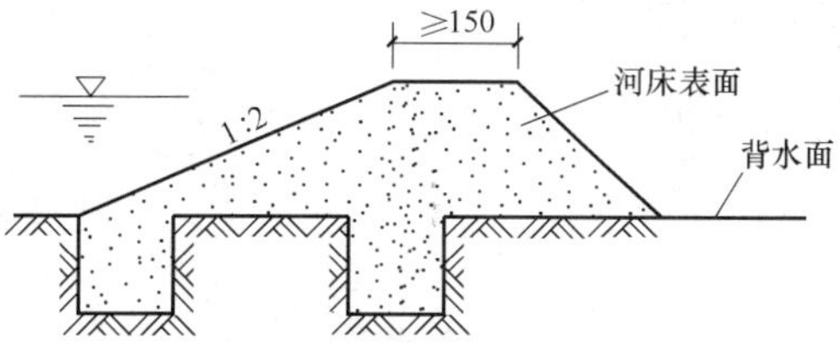	用于水深≤2m，流速 0.3m/s，河床不透水，冲刷小的情况，近浅滩的河边尤为适用
草袋围堰	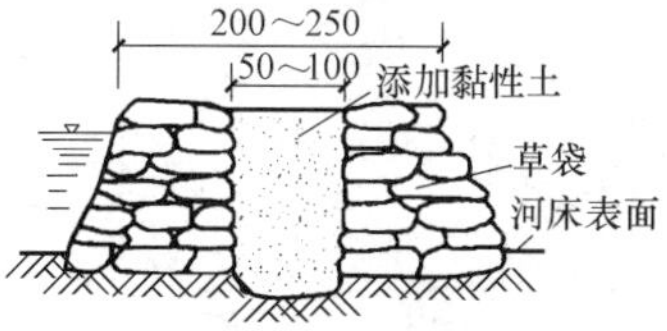 草袋围堰黏土填心 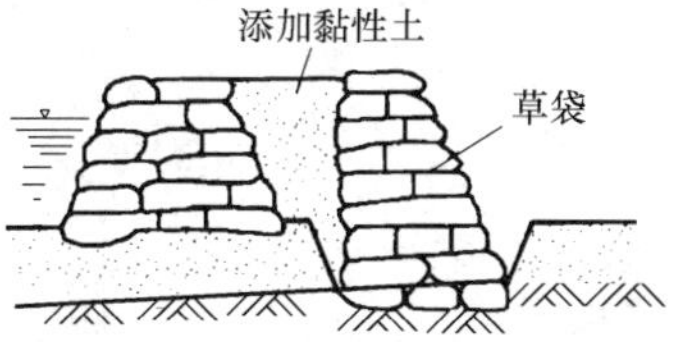 先外围堰抽水后内围堰黏土填心	用于水深≤3m，流速 1～2m/s，河床不透水的工程环境
木桩编条围堰	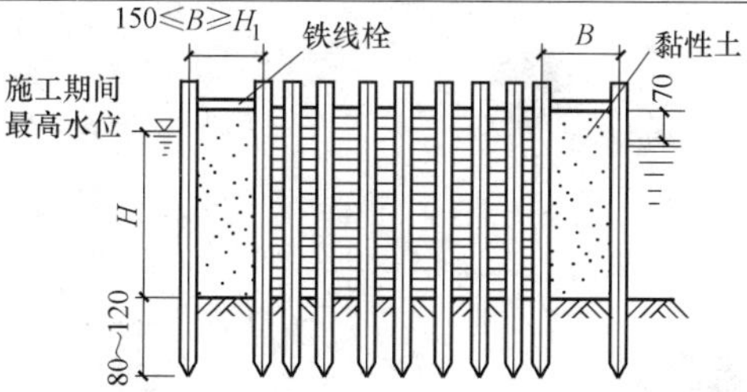 I—I截面 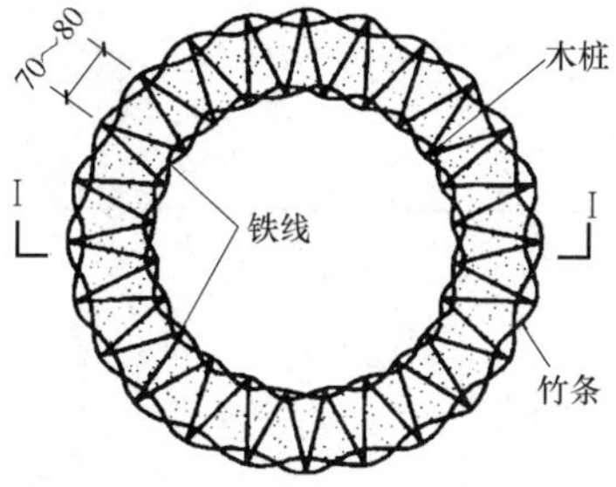 平面	水深 3m 以下，流速小于 2m/s，河床不透水

续表

类型	图示	适用范围
木板桩围堰	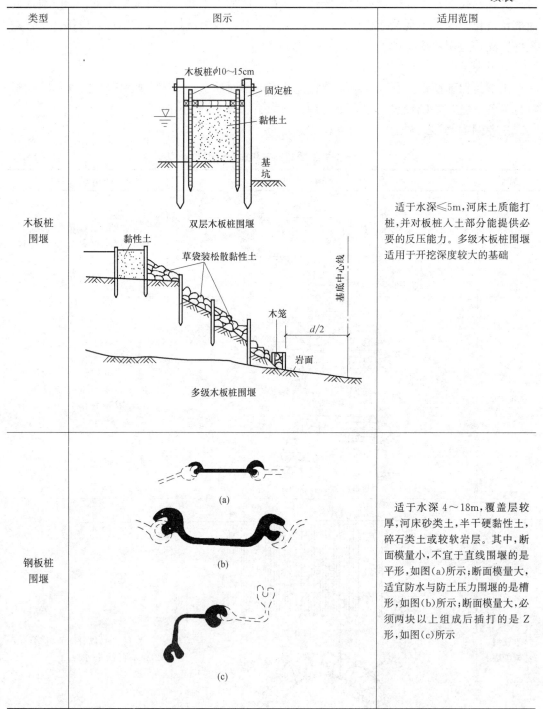	适于水深≤5m,河床土质能打桩,并对板桩入土部分能提供必要的反压能力。多级木板桩围堰适用于开挖深度较大的基础
钢板桩围堰		适于水深4～18m,覆盖层较厚,河床砂类土,半干硬黏性土,碎石类土或较软岩层。其中,断面模量小,不宜于直线围堰的是平形,如图(a)所示;断面模量大,适宜防水与防土压力围堰的是槽形,如图(b)所示;断面模量大,必须两块以上组成后插打的是Z形,如图(c)所示

3.2.2　桥梁基础工程图

1. 围笼拼装

围笼拼装可按铺设工作平台、内芯桁架导环、托架等工序进行, 如图 3-12 所示。

2. 沉井

沉井是用钢筋混凝土制成的井筒，下有刃脚，以利下沉和封底，如图 3-13 所示。

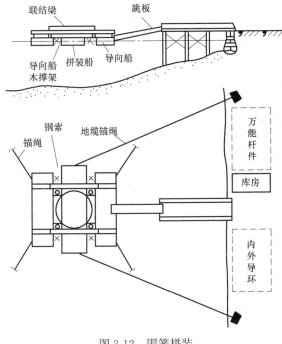

图 3-12 围笼拼装

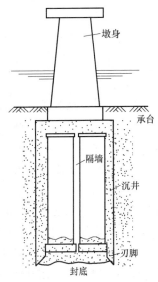

图 3-13 桥梁工程沉井基础示意图

（1）沉井基础断面形式及特点

如图 3-14 所示。

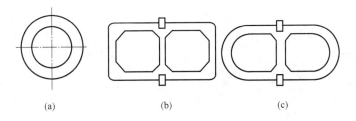

图 3-14 沉井基础断面形式
（a）柱形断面；（b）矩形断面；（c）圆端形断面

1）柱形断面。沉井四周受土压力、水压力的作用。从受力条件看，圆形沉井抵抗水平压力性能较好，形状对称，下沉过程不易倾斜，缺点是往往与基础形状不相适应。

2）矩形断面。矩形使用较方便，立模简单。缺点是在侧向压力作用下井壁要承受较大弯矩。为减少转角处的应力集中，四角应做成圆角。

3）圆端形断面。适用于圆端形的墩身，但立模较麻烦。当平面尺寸较大时，可在井孔中设置隔墙，以提高沉井的刚度且成为双孔，比单孔下沉容易纠偏。

（2）沉井基础立面形式及特点

如图 3-15 所示。

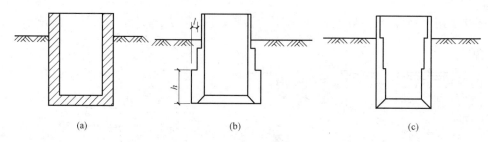

图 3-15　沉井基础立面形式
(a) 柱形立面；(b) 外侧阶梯形立面；(c) 内侧阶梯形立面

1) 柱形立面。此形式沉井基础与四周土体互相贴紧，如井内挖土均匀，井筒下沉一般不易倾斜。但当沉井外壁土的摩擦力较大或土的坚软程度差异明显，均会导致井筒被卡或偏斜，校正纠偏在一定程度上难度加大。

2) 外侧阶梯形立面。沉井井壁受土压力和水压力作用，随深度增加而增大，因此，下部井壁厚些，上部相对减薄形成阶梯形立面。地基土比较密实时，为减少井筒下沉的困难，将阶梯设置于井壁外侧。阶梯宽一般为 $l = 10 \sim 15cm$，刃脚处阶梯高 $h = 1.2 \sim 2.2m$，这样除底节外其他各节井壁与土的摩擦力都下降很多。

3) 内侧阶梯形立面。为避免井周土体破坏范围过大，可把阶梯设在内侧，外壁直立，但内侧阶梯容易影响取土机具升降，较少采用。

3. 地下连续墙基础

地下连续墙利用钻机钻出长方形单元的，用特制接头使单元间灌注的水下混凝土相互连接为整体，形成基础，如图 3-16 所示。

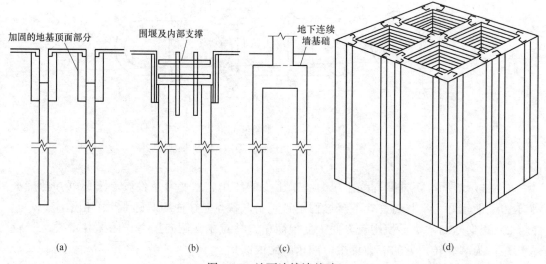

图 3-16　地下连续墙基础
(a) 建造地下连续墙单元；(b) 安装顶部的临时围堰；(c) 灌筑承台及墩身；(d) 基础结构图

4. 锁口钢管桩基础

锁口钢管桩是一种深水桥梁基础形式，它通过先在拟建基础周围打入大型锁口钢管桩，形成围堰，再以砂浆封闭锁口，然后在围堰内挖除土壤，到一定深度后再灌注水下混凝土封底，在围堰中抽水后即可灌注承台及墩身混凝土，直到水面以下。围堰内回灌水后，用水下切割机将承台以上的锁口钢管桩切除。这种基础的承载能力大，有锁口钢管桩作保护，安全、可靠，施工简单，是一种具有较大优越性的基础形式，如图 3-17 和图 3-18 所示。

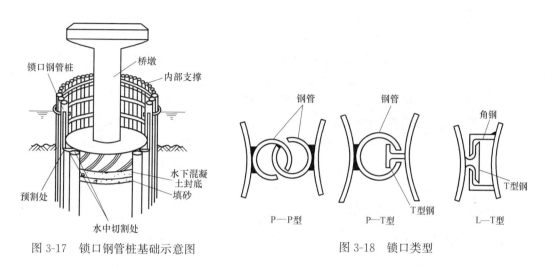

图 3-17　锁口钢管桩基础示意图　　　　　　图 3-18　锁口类型

3.3　桥梁工程施工图

3.3.1　桥梁施工图的组成

1. 桥位平面图

桥位平面图主要是表示桥梁的平面位置，与路线连接的情况，以及与地形地物的关系。桥位平面图与路线平面图画法基本相同，只是比例比较大。

通过地形测量绘出桥位处的道路、河流、水准点、钻孔及附近的地形和地物的平面图，以便作为设计桥梁、施工定位的根据。桥位平面图中的植被、水准符号等图例与道路路线平面图中的图例一致，一些特殊的图例在图中适当位置标出，读图时注意通过阅读图例来分析桥位平面图中的内容。

2. 桥位地质断面图

桥位地质断面图是根据水文调查和地质钻探所得的资料绘制成的桥梁所在河床位置的断面图，它是沿桥梁中心线用假想的铅垂面纵向剖切得到的断面图。桥位地质断面图包括河床断面线、钻孔位置、各地质层的地质情况、最高水位线、常水位线和最低水位线，以便作为设计桥梁、桥台、桥墩和计算土石方数量的依据；为了显示地质和河床深度变化情况，桥梁地质断面图上特意把地形高度（高程）的比例较水平方向比例放大数倍画出。

和桥位平面图一样，读图时要注意通过阅读图例来分析图中的内容。

桥梁的地质断面图有时以地质柱状图的形式直接绘在桥型布置图的立面图正下方。有些桥可不绘制桥位地质断面图，但应写出地质情况说明。

3. 桥型布置图

桥型布置图主要由立面图、平面图、侧面图（断面图）、纵断面高程数据表及注释组成。

（1）立面图。由于桥梁左右对称，立面图一般采用半剖面图的形式表示，剖切平面通过桥梁中心线沿纵向剖切。当桥梁结构较简单时也可采用单纯的正面投影图来表示。由于桥台、桥墩桩基（桩基础）一般埋置较深，为了节省图幅经常采用折断画法。

（2）平面图。平面图可采用半剖图或分段揭层的画法来表示，半剖图是指左半部分为水平投影图，右半部分为剖面图（假想将上部结构揭去后的桥墩、桥台的投影图）。分段揭层的画法指在不同的墩台处假想揭去不同高度以上部分的结构后画出投影的方法。当桥梁结构较简单时也可采用单纯的水平投影图来表示。

（3）侧面图。根据需要，侧面图可采用一个或几个不同断面图来表示。如图纸空间受到限制，在工程图中侧面图也可采用两个不同位置的断面图各画一半合并而成。为了表达清楚桥梁断面形状与尺寸，侧面图可以采用比平面图和立面图较大的比例。在路桥专业图中，画断面图时，为图面清晰、突出重点，只画了剖切平面后离剖切平面较近的可见部分。

（4）根据道路工程制图国家标准规定，可将土体看成透明体，所以埋入土中的基础部分都认为是可见的，可画成实线。

3.3.2　斜拉桥施工图

1. 斜拉桥的构成

（1）主梁

主梁承受车辆荷载，是斜拉桥主要承受构件之一，梁高与高跨比变化范围一般在 1/100～1/50，对密索体系大跨径斜拉桥，高跨比可小于 1/200。目前，常用的主梁有钢梁、混凝土梁、叠合梁和混合梁等四种形式。

主梁常用的截面形式有板式截面、分离式双箱截面、闭合箱形截面、半闭合箱形截面等，如图 3-19 所示。其中，图 3-19（e）和图 3-19（f）是图 3-19（c）的改进截面，将外

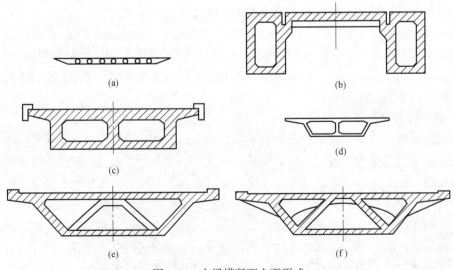

图 3-19　主梁横断面主要形式

（a）板式；（b）分离式双箱；（c）闭合箱形；（d）半闭合箱形；（e）闭合箱形；（f）闭合箱形

侧腹板做成倾斜式，既可以改善风动力性能，又可以减小墩台宽度。

各种断面的特点及适用范围如下：

1）板式截面。构造简单、建筑高度小、抗风性能也好，适用于双索面密索体系的窄桥。当板厚较大时，可采用空心板式截面。

2）分离式双箱（或双主肋）截面。箱梁中心对准拉索平面，两个箱梁（或主肋）用于承重及锚固拉索，箱梁之间设置桥面系。其优点是施工方便，但全截面的抗扭刚度较差。

3）闭合箱形截面。抗弯和抗扭刚度很大，适合于双索面稀索体系和单索面斜拉桥。外腹板多采用斜腹板，其在抗风和美观方面均优于直腹板，此外还可减少墩台宽度。

4）级进截面。断面形式具有良好的抗风性能，特别适合于风载较大的双索面密索体系。

（2）拉索

斜拉索由钢索和锚具两部分组成。钢索承受拉力，设置在钢索两端的锚具用来传递拉力。钢索一般采用高强度钢筋、钢丝或钢绞线制作。钢索的主要形式如图 3-20 所示。

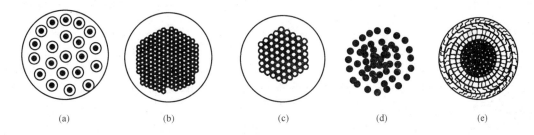

图 3-20 钢索基本类型

（a）平行钢筋索；（b）平行钢丝索；（c）钢绞线索；（d）单股钢绞缆；（e）封闭式钢缆

一般情况下，拉索按布置方法不同可分为几种形式，见图 3-21。

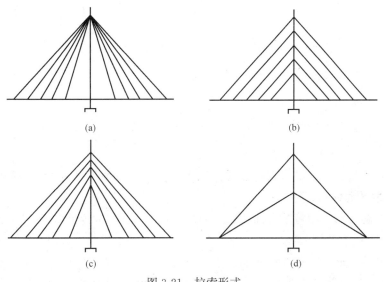

图 3-21 拉索形式

（a）辐射式；（b）平行式；（c）扇式；（d）星形

1）平行钢筋索。平行钢筋索由若干根高强度钢筋平行组成，钢筋直径有 16、26.5、32、38（mm）等几种规格。所以钢筋在金属管道内由聚乙烯定位板固定其位置，索力调整完后，在套管内采用柔性防护。这种钢索配用夹片式群锚。平行钢筋索必须在现场架设过程中形成。

2）平行钢丝索。平行钢丝索是将若干根钢丝平行并拢、扎紧、穿入聚乙烯套管，在张拉结束后采用柔性防护而成。钢丝索配用镦头锚或冷铸锚。这种索适合于现场制作。

3）钢绞线索。钢绞线索由多股钢绞线平行或经轻度扭绞组成。其标准强度 R_h 已达 1860MPa，因此用钢绞线制作的钢索可以进一步减轻钢索的质量。平行钢绞线的防护有两种形式。

① 将整束钢绞线穿入一根粗的聚乙烯套管，然后采用柔性防护。

② 将每一根钢绞线，涂防锈油脂后挤裹聚乙烯套管，再将若干根带有防护套的钢绞线，穿入大的聚乙烯套管中并压注采用柔性防护。集束后轻度扭绞的半平行钢绞线索的防护，采用热挤聚乙烯护套最为方便。平行钢索绞线索一般在现场制作，半平行钢绞线索一般在工厂制作好后运至工地。平行钢索绞线索配用夹片锚具。半平行钢绞线索也可以配用冷铸镦头锚。

（3）索塔

索塔承受的轴向力很大，同时还承受很大的弯矩，上端与拉索连接，下端与桥墩成全梁连接。索塔的纵向造型和相应的受力条件必须满足足够的纵向稳定性和在运营条件下发挥正常功能的要求。观察位置不同，索塔形式也不同。

从纵向看，主塔结构形式有单柱式、A 形和倒 Y 形等，如图 3-22 所示。单柱式主塔构造简单，而 A 形、倒 Y 形的主塔刚度大，能抵抗较大的弯矩。

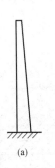
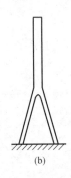

图 3-22　塔柱形式（顺桥向）
(a) 单柱式；(b) 倒 Y 形；(c) A 形

从横向看，斜拉桥索塔形式有柱式、门式、A 形、倒 Y 形及菱形等，如图 3-23 所示。

2. 斜拉桥的总体布置图

斜拉桥的总体布置图包括立面图、平面图、横剖面图、横梁断面图以及结构详图等。

（1）立面图

某公路大桥立面图如图 3-24 所示。

1）立面图比例为 1：2000，由于比例较小，因此只画出桥梁的外形。梁的高度（2.75m）用两条粗实线表示，上面加画一条细实线，表示桥面。其他结构（横隔梁、人

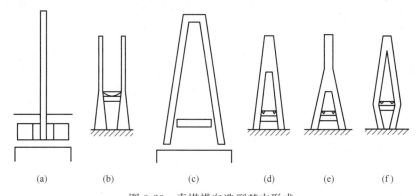

图 3-23　索塔横向造型基本形式

(a) 柱式；(b)、(c) 门式；(d) A形；(e) 倒Y形；(f) 菱形

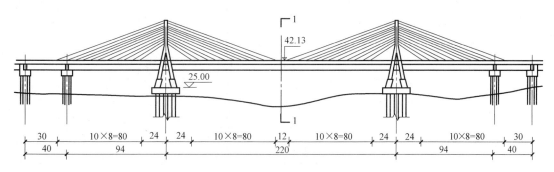

图 3-24　某公路大桥立面图 (1∶2000)

行道、桥栏杆等) 均未画出。

2) 主塔两侧共有11对拉索 (在一个平面内)，呈扇形分布，主塔中心处连同支点有一根垂直吊索，因此全桥共有 46 对拉索，索距为 8m。主塔为钢筋混凝土倒 Y 形 (侧面)。

3) 由于立面图还能反映河床起伏及水文的情况，从标高尺寸可以了解桥墩及桩柱的埋置深度、梁底、桥面中心高度等，本图采用的是折断画法，所以未绘出河床形状和墩、桩长度及其他的情况。

(2) 平面图

某公路大桥平面图如图 3-25 所示。

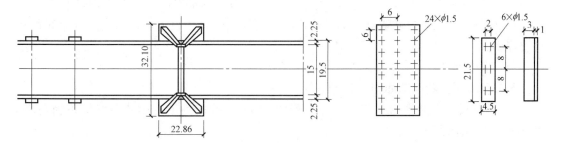

图 3-25　某公路大桥平面图 (纵 1∶2000；横 1∶1000)

1）以中心线为分界，左半部分画外形，右半部分画桩基承台和桩位的平面布置图。

2）外形部分表示桥面宽度 19.50m，车行道宽 15m，人行道宽 2m×2.25m。比例：长度方向为 1∶2000，宽度方向为 1∶1000。

3）主跨桥墩外形为矩形，其长度为 22.86m，宽度为 32.10m。基础为 24m×1.5m（直径）的灌注桩。引桥部分（包括边跨）桥墩外形也为矩形，基础为 6m×1.5m（直径）和 3m×1.5m（直径）的灌注桩。

（3）横剖面图

某公路大桥横剖面图如图 3-26 所示。

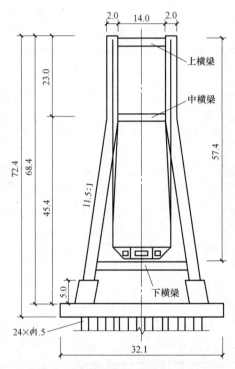

图 3-26　某公路大桥横剖面图（1∶500 单位：m）

1）塔墩横向构造为门式构造，塔柱为 C40 的钢筋混凝土，塔高 68.40m，自塔顶 23.0m 以下至桩基承台上端面有 11.5∶1 的坡度，使拉索能锚固于车行道与人行道之间。为了横向稳定性，设置 3 根横向系梁（上横梁、中横梁、下横梁）。

2）索塔纵向在拉索锚固区部分为单柱，其下面分为两根斜柱，形成 A 形塔墩。

3）横剖面图除了反映塔高、形式及各部尺寸外，同时还表示了桩的横向分布间距和埋置深度。

（4）横断面图

某公路大桥横断面图如图 3-27 所示。

1）斜拉桥的主梁高为 2.75m，为中跨的 1/800，截面为半封闭式，三室单箱与塔、墩分离成为全悬浮式。

2）该桥主梁的双侧为三角箱梁，两箱之间用桥面及横隔梁联系。拉索锚固在三角箱型的外端，人行道排在主梁之外。

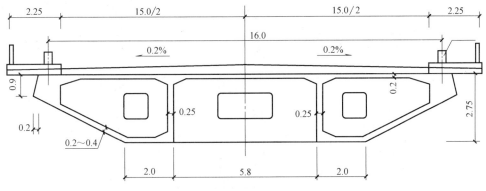

图 3-27 某公路大桥横断面图（1∶100 单位：m）

3.3.3 悬索桥施工图

1. 悬索桥的组成

现代悬索桥一般由桥塔、基础、主缆索、锚碇、吊索、索夹、加劲梁以及索鞍等主要部分组成，如图 3-28 所示。

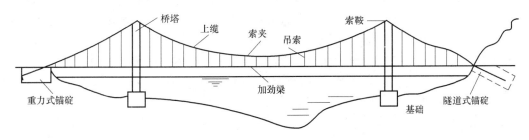

图 3-28 悬索桥的构造示意图

2. 悬索桥的构造图

（1）桥塔

桥塔是悬索桥最重要构件。它支承主缆索和加劲梁，将悬索桥的活载和恒载，以及加劲梁在桥塔上的支反力直接传至塔墩和基础，同时还受到风载与地震的作用。恒载包括桥面、加劲梁、吊索、主缆索及其附属构件（如鞍座和索夹等）的重量。

1）按采用材料分，桥塔有混凝土塔和钢塔，由于混凝土塔价格较低，一般都采用混凝土桥塔。

2）按结构形式分，有桁架式、刚构式和混合式三种结构形式，如图 3-29 所示。刚构式简洁、明快，可用于钢桥塔或混凝土桥塔，桁架式和混合式由于交叉斜杆的施工对混凝土桥墩有较大困难，只能用于钢桥塔。

3）按力学性质分，有刚性塔、柔性塔和摇柱塔三种结构形式。刚性塔可做成单柱形或 A 形，一般多用于多塔悬索桥中，可提高结构纵向刚度，减小纵向变位，从而减小梁内应力；柔性塔允许塔顶有较大的变位，是现代悬索桥中最常用的桥塔结构，一般为塔柱下端做成固结的单柱形式；摇柱塔为下端做成铰接的单柱形式，一般只用于跨度较小的悬索桥。

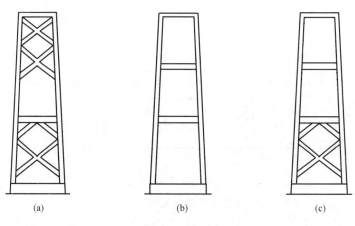

图 3-29　桥塔按结构形式分类

（a）桁架式；（b）刚构式；（c）混合式

（2）主缆

主缆悬索桥的主要承重结构，可由钢丝绳组成，也可用平行钢丝组成。

现代大跨度悬索桥多采用平行钢丝主缆，它是由平行的高强度冷拔镀锌钢丝组成。钢丝直径大都在 5mm 左右。视缆力大小，每根主缆可以包含几千乃至几万根钢丝。为便于施工安装和锚固，主缆通常被分成束股编制架设（一般每根主缆可分成几十乃至几百股，每股内的丝数大致相等），并在两端锚碇处分别锚固。为了保护钢丝，并使主缆的形状明确，主缆的其余区段则挤紧成规则的圆形，然后缠以软质钢丝捆扎并进行外部涂装防腐。

（3）锚碇

锚碇主要由锚碇基础、锚块、锚碇架、固定装置和锚固索鞍组成。它是锚固主缆的结构，主缆的钢丝索通过散索鞍分散开来锚于其中，根据不同的地质情况可修成不同形式的锚碇，如重力式和隧道式，如图 3-30 所示。

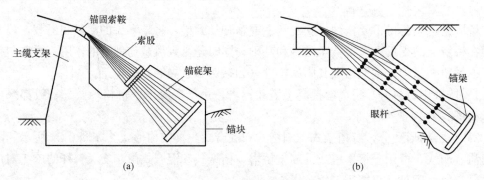

图 3-30　悬索桥锚碇构造示意图

（a）重力式；（b）隧道式

1）重力式是最常用的形式，锚碇依靠其巨大的自重来承担主缆索的垂直分力；而水平分力则由锚碇与地基之间的摩阻力或嵌固阻力承担。

2）隧道式锚碇则是将主缆中的拉力直接传递给周围的基岩。它适用于锚碇处有坚实基岩的地质条件。当锚固地基处无岩层可利用时，均采用重力式锚碇。

（4）吊索

吊索又称吊杆，它的下端通过锚头与加劲梁两侧的吊点联结，上端通过索夹与主缆联结。它是将加劲梁等恒载和桥面活载传递到主缆索的主要构件。吊索与索夹的连续方式上一般分为四股骑跨式和双股销铰式两种。其中，前者不宜采用平行钢丝索，而后者对钢丝绳索与平行钢丝索都能适应。现代悬索桥一般采用柔性较大且易于操作的钢丝绳索或平行钢丝索作为吊索，吊索表面涂装油漆或包裹 HDPE（高密度聚乙烯）护套防腐。

大跨径悬索桥的结构形式根据吊索和加劲梁的形式，可分为以下几种：

1）采用竖直吊索，并以钢桁架作加劲梁，如图 3-31 所示。

图 3-31　采用竖直吊索桁架式加劲梁的悬索桥

2）采用三角形布置的斜吊索，以扁平流线形钢箱梁作加劲梁，如图 3-32 所示。

图 3-32　采用斜吊索钢箱加劲梁的悬索桥

3）竖直吊索与斜索相结合并以流线形钢箱梁作加劲梁。

4）除了有一般悬索桥的缆索体系外，还有若干加强用的斜拉索，如图 3-33 所示。

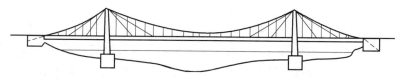

图 3-33　带斜拉索的悬索桥

承重结构不同，其吊索形式也不相同，具体可分为单跨两铰加劲梁、三跨两铰加劲梁、三跨连续加劲梁等，如图 3-34 所示。

（5）加劲梁

加劲梁是供车辆通行的结构，它直接承担竖向活载，也是悬索桥承受风荷载和其他横向水平荷载的主要构件，所以，必须具有足够的抗扭刚度或自重以保护在风荷载作用下的气动稳定性。根据桥上的通车需要及所需刚度可选用不同的结构形式，如桁架式加劲梁、扁平箱形加劲梁等。

加劲梁一般都采用钢结构，混凝土结构由于自身质量太大，从耗材、造价、工期等方面考虑，当跨径大于 200m 时就不再采用。钢加劲梁的截面形式主要有美国流派的钢桁梁和英国流派的扁平钢箱梁，如图 3-35 所示。

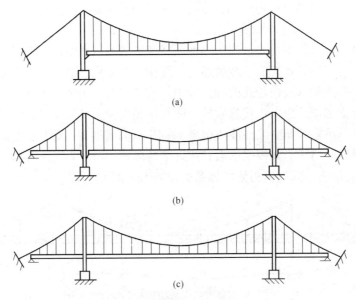

图 3-34　按支承构造划分悬索桥形式

（a）单跨两铰加劲梁；（b）三跨两铰加劲梁；（c）三跨连续加劲梁

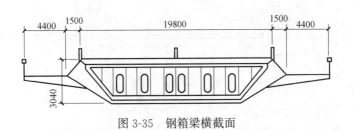

图 3-35　钢箱梁横截面

（6）索鞍

索鞍是支承主缆的重要构件，其作用是保证主缆索平顺转折；将主缆索中的拉力在索鞍处分解为垂直力和不平衡水平力，并均匀地传至塔顶或锚碇的支架处。由于主缆在索鞍处有相当大的转折角，主缆拉力将产生一竖向压力作用于塔顶。从塔顶至锚碇的缆段，由于活载轴力和温度升降的变化，将使塔顶发生纵向平移，使塔处于偏心受压状态。当塔顶尚未有主缆时，塔将以竖向放置的悬臂梁承受纵向风力而受弯。

3.4　桥梁工程构件详图

3.4.1　桥梁支座详图

梁式桥支座可分为固定支座和活动支座两种，设置在桥梁上部结构与墩台之间，将上部结构荷载传递给桥墩，并适应活载、温度、混凝土收缩与徐变等因素产生的位移，使上部结构和下部结构保持正常受力状态。

（1）简易垫层支座

如图 3-36 所示。

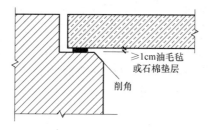

图 3-36 简易垫层支座

（2）钢支座

钢支座靠钢部件的滚动或滑动来完成支座位移和转动，其承载能力突出，对桥梁位移和转动的适应性良好，如图 3-37 和图 3-38 所示。

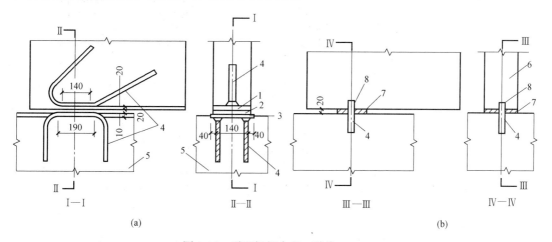

图 3-37 平面钢板支座（单位：cm）

（a）活动支座；（b）固定支座

1—上支座；2—下支座；3—垫板；4—锚栓；5—墩台帽；6—主梁；7—齿板；8—齿槽

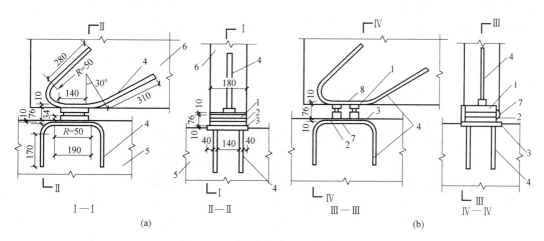

图 3-38 弧形钢板支座（单位：cm）

（a）活动支座；（b）固定支座

1—上支座；2—下支座；3—垫板；4—锚栓；5—墩台帽；6—主梁；7—齿板；8—齿槽

（3）钢筋混凝土摆柱式支座

适用于跨度不小于 20m 的梁式桥，能够承受较大荷载和位移。摆柱式支座由一个摆柱和两块平面钢板组成，摆柱是一个上下有弧形钢板的钢筋混凝土短柱，两侧面设有齿板，两块平面钢板的相应位置设有齿槽，安装时应使齿板与齿槽相吻合，钢筋混凝土柱身用 C40～C50 混凝土制成，如图 3-39 所示。

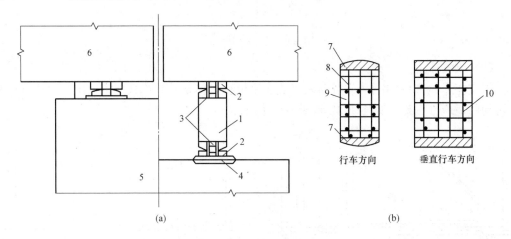

图 3-39　钢筋混凝土摆柱式支座
（a）摆柱式支座；（b）垫板
1—钢筋混凝土摆柱；2—平面钢板；3—齿板；4—垫板；5—墩台帽；
6—主梁；7—弧形钢板；8—竖向钢筋；9—顺桥向水平钢筋；10—横桥向水平钢筋

（4）橡胶支座

橡胶支座构造简单、加工方便、省钢材、造价低、结构高度低、安装方便、减振性能好。

1）盆式橡胶支座。盆式橡胶支座将纯氯丁橡胶块放置在钢制的凹形金属盆内，使橡胶处于侧限受压状态，提高了支座承载力，利用嵌放在金属盆顶面填充的聚四氟乙烯板与不锈钢板，摩擦系数很小，可以满足梁的水平位移要求，如图 3-40 所示。

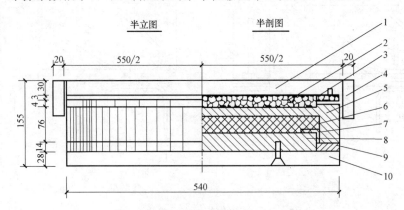

图 3-40　盆式橡胶支座（单位：cm）
1—上支座板；2—不锈钢板；3—聚四氟乙烯板；4—横向止移板；5—盆环；
6—氯丁橡胶块；7—密封圈；8—盆塞；9—橡胶弹性防水圈；10—下支座板

2）板式橡胶支座。常用的板式橡胶支座用几层薄钢板或钢丝网作加劲层，支座处于无侧限受压状态，抗压强度不高，可用于支承反力为 3000kN 左右的中等跨径桥梁，如图 3-41 所示。

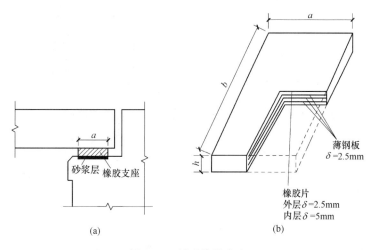

图 3-41　板式橡胶支座
（a）橡胶支座；（b）内部结构

3.4.2　桥梁墩台详图

桥梁墩台主要由墩（台）帽、墩（台）身和基础三部分组成，主要作用是承受上部结构传来的荷载，并且通过基础又将该荷载及自重传递给地基，如图 3-42 和图 3-43 所示。

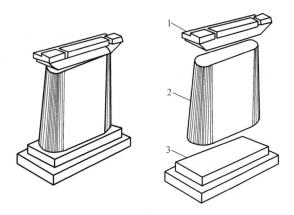

图 3-42　桥墩组成示意图
1—墩帽；2—墩身；3—基础

1. 桥墩

桥墩指多跨桥梁的中间支承结构物，除承受上部结构的荷载外，还要承受流水压力、风力及可能出现的冰荷载、船只、排筏或漂浮物的撞击力。

2. 桥台

支撑桥跨结构物，同时衔接两岸接线路堤构筑物，起到挡土护岸和承受台背填土及填

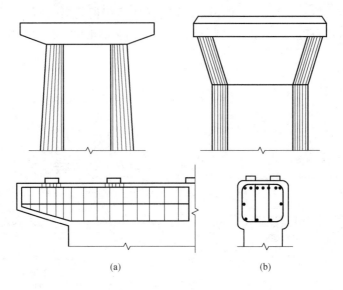

图 3-43 墩帽
(a) 悬臂式桥墩；(b) 托盘式桥墩

土上车辆荷载附加内力的作用。桥台分重力式桥台和轻型桥台两大类，重力式桥台如图3-44 所示。

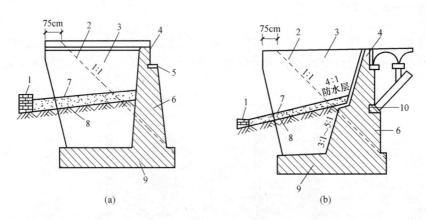

图 3-44 重力式 U 形桥台
(a) 梁桥；(b) 拱桥

1—盲沟；2—锥坡；3—侧墙；4—背墙；5—台帽；
6—前墙；7—碎石；8—夯实黏土；9—基础；10—拱座

轻型桥台力求体积轻巧、自重小，借助结构物的整体刚度和材料强度承受外力，可节省材料，降低对地基强度的要求，可用于软土地基。

(1) 设有支撑梁的轻型桥台

这种桥台台身为直立的薄壁墙，台身两侧有翼墙，在两桥台下部设置钢筋混凝土支撑梁，上部结构与桥台通过锚栓连接，于是便构成四铰框架结构系统，并借助两端台后的被动土压力来保持稳定，如图 3-45 所示。

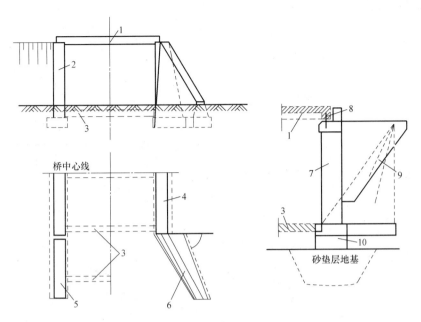

图 3-45　地下支撑梁轻型桥台

1—上部构造；2—台身；3—支撑梁；4—前墙；5—一字形翼墙；

6—八字形翼墙；7—立柱；8—锚固栓钉；9—耳墙；10—基础

（2）埋置式桥台

埋置式桥台适用于桥头为浅滩、锥坡受冲刷小的桥梁，是将台身埋在锥形护坡中，只露出台帽在外以安置支座及上部构造，桥台所受土压力小，桥台体积也相应减小，但锥坡伸入到桥孔，压缩了河道，有时需增加桥长，如图 3-46 所示。

3.4.3　桥面系统详图

1. 桥面铺装及排水防水系统详图

（1）桥面铺装

公路桥面铺装可防止车辆轮胎或履带直接磨耗属于承重结构的行车道板，保护主梁免受雨水侵蚀，同时能扩散车辆轮重集中荷载。水泥混凝土和沥青混凝土桥面铺装使用较为广泛。桥面铺装的构造如图 3-47 所示。

钢筋混凝土、预应力混凝土梁桥普遍采用水泥混凝土或沥青混凝土铺装。水泥混凝土铺装的造价低，耐磨性能好，适合重载交通，但养生期长，日后修补较麻烦。沥青混凝土铺装质量较轻，维修养护方便，通车速度快，但易老化和变形。

（2）桥面纵坡、横坡

公路桥面横坡可快速排除雨水，减少雨水对铺装层的渗透，保护行车道板，坡度一般为 1.5%～3%。桥面纵坡一般都双向布置并在桥中心设置竖曲线，一方面有利于排水，同时主要是为满足桥梁布置需要。

公路桥面的横坡通常有三种设置形式：

1）对于板桥或就地浇筑的肋板式梁桥，横坡直接设在墩台顶部，桥梁上部构造双向倾斜布置，铺装层等厚铺设，如图 3-48（a）所示。

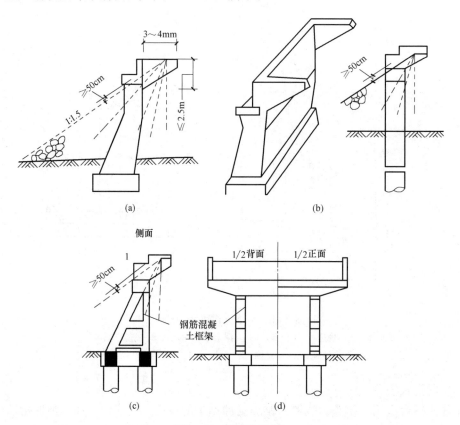

图 3-46　埋置式桥台

（a）后倾式；（b）肋形埋置式；（c）双柱式；（d）框架式

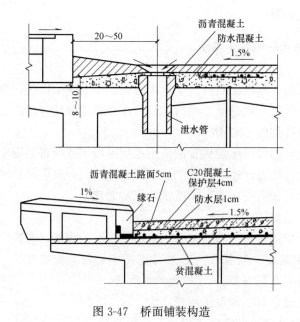

图 3-47　桥面铺装构造

2）对装配式肋板式梁桥，主梁构造简单、装配方便，横坡直接设在行车道板上。先铺设混凝土三角形垫层，形成双向倾斜，再铺设等厚的混凝土铺装层，如图 3-48（b）所示。

3）比较宽的城市桥梁中，用三角垫层设置横坡耗费建材同时会增大恒载，因此通常将行车道板倾斜布置形成横坡，但是这样会使主梁构造变得复杂，如图 3-48（c）所示。

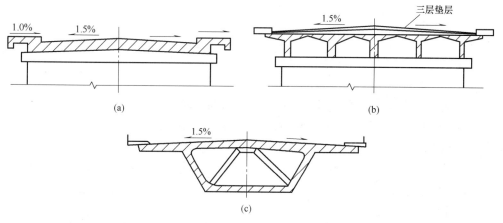

图 3-48　横坡布置图
（a）板桥或就地浇筑的肋板式梁板；（b）装配式肋板式梁桥；（c）比较宽的城市桥梁

（3）防水层

如图 3-49 所示，桥面防水层设置在桥梁行车道板的顶面三角垫层之上，它将渗透过桥面铺装层或铁路道床的雨水汇集下泄水管排出。防水层在桥面伸缩缝处应连续铺设，不可切断；纵向应铺过桥台背，沿横向应伸过缘石底面，从人行道与缘石砌缝里向上叠起。

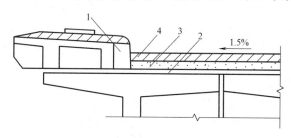

图 3-49　防水层设置
1—缘石；2—防水层；3—混凝土保护层；4—混凝土路面

（4）桥面排水系统

为使桥上的雨水迅速引导排出桥外，桥梁应有一个完整的排水系统，由纵横坡排水外配合一定数量的泄水管完成。泄水管布置在人行道下面，桥面水通过设在缘石或人行道构件侧面的进水孔流向泄水孔，泄水孔周边设有聚水槽，起聚水、导流和拦截作用，进水入口处设置金属栅门，如图 3-50 所示。

混凝土梁式桥采用的泄水管道有下列几种形式：

1）金属泄水管。泄水管与防水层边缘紧夹在管子顶缘与泄水漏斗之间，以便防水层渗水能通过漏斗过水孔流入管内。这种铸铁泄水管使用效果好，但结构较为复杂。

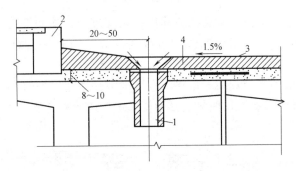

图 3-50　泄水管布置图（单位：cm）

1—泄水孔；2—缘石；3—人行道；4—混凝土

2）钢筋混凝土泄水管。适用于不设防水层而采用防水混凝土铺装的桥梁构造。可将金属栅板直接作为钢筋混凝土管的端模板，并在栅板上焊上短钢筋锚固于混凝土中。这种预制泄水管构造简单，节省钢材。

3）封闭式排水系统。对于城市桥梁、立交桥及高速公路桥梁，为避免泄水管挂在板下、影响桥的外观和公共卫生，多采用完整封闭的排水系统，将排水管道直接引向地面。

2. 桥梁伸缩装置详图

桥跨结构在气温变化、活载作用、混凝土收缩和徐变等影响下将会发生伸缩变形。桥面两梁端之间或梁端与桥台之间及桥梁铰结位置需要预留伸缩缝，并在桥面设置伸缩装置。伸缩装置的构造在平行、垂直于桥梁轴线的两个方向均能自由伸缩，其设计应牢固可靠，在车辆驶过时平顺、无突跳与噪声，同时还应能够防止雨水和垃圾渗入阻塞，易于清理检修。

（1）钢制支承式伸缩装置

钢制式的伸缩装置是用钢材装配制成的、能直接承受车轮荷载的一种构造。钢制支承式伸缩装置常见的有钢板叠合式伸缩装置和钢梳形板伸缩装置。钢梳形板伸缩装置结构本身刚度大，抗冲击力强，广泛用于大、中跨桥梁；但是其防水性差，较费钢材，如图 3-51 所示。

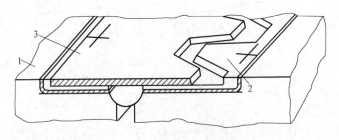

图 3-51　梳形板式伸缩装置

1—混凝土桥面板；2—固定齿板；3—活动齿板

（2）橡胶伸缩装置

目前多使用的是板式橡胶伸缩装置，其用整块橡胶板嵌在伸缩缝中，橡胶板设有上下凹槽，依靠凹槽之间的橡胶体剪切变形来达到伸缩的目的，并在橡胶板内预埋钢板以提高橡胶的承载能力，伸缩量可达 60mm。在橡胶板下增设梳形板，用梳形钢板支托橡胶板，橡胶板来防水，两者可同时伸缩，伸缩量增加至 200mm，如图 3-52 所示。

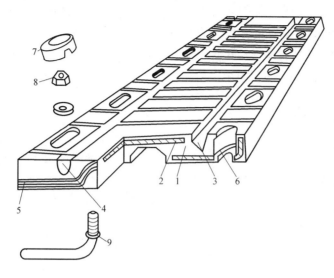

图 3-52　板式橡胶伸缩装置

1—合成橡胶；2—加强钢板门；3—伸缩用槽；4—止水块；
5—嵌合部；6—螺母块板；7—腰形盖帽；8—螺母；9—螺栓

（3）模数式伸缩装置

模数式伸缩装置是一种高速公路桥梁常用伸缩装置，其伸缩量大，功能完善，结构复杂。它的主要部分是由异型钢与各种截面形式的橡胶条组成的，犹如手风琴式的伸缩体，加上横梁、位移控制系统以及弹簧支承系统。每个伸缩体的伸缩量为 60～100mm。伸缩量大时，可增加伸缩体，中间用若干根中梁隔开。中梁支撑在下设横梁上，承受大部分车轮压力，其底部连接在连杆式或弹簧式的控制系统上，保证伸缩时中梁始终处于正确位置并做同步位移。钢与橡胶组合的模数式伸缩装置如图 3-53 所示。

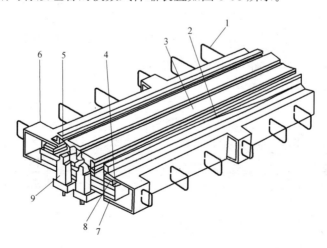

图 3-53　钢与橡胶组合的模数式伸缩装置

1—锚固梁；2—边梁；3—中梁；4—横梁；5—防水橡胶带；
6—箱体；7—承压支座；8—压紧支座；9—吊架

（4）暗缝式伸缩装置

无缝式伸缩装置接缝构造不外露于桥面，其在梁端伸缩间隙中填入弹性材料并铺设防水材料，在桥面铺装层中铺筑粘结性复合材料，使伸缩接缝处的桥面铺装与其他铺装部分形成连续体。此种伸缩装置能适应桥梁上部构造的伸缩变形和小量转动变形，行车平顺，无冲击、振动，防水性好，施工简单，易于维修更换，适用于小接缝部位，适用范围有所限制。

3. 桥面安全设施详图

（1）安全带

封闭的市政公路桥梁一般不设人行道，其安全带通常做成预制块件或与桥面铺装层一起现浇。创制的安全带有矩形截面和肋板式截面两种，如图 3-54 所示。矩形截面最为常用。

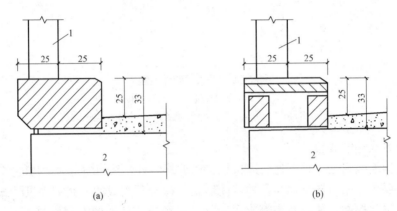

图 3-54 安全带
（a）矩形截面；（b）肋板式截面
1—栏杆；2—预制块件

（2）人行道

一般高出行车道 0.25～0.35m，根据不同桥梁有现浇悬臂板式、专设人行道板梁、预制人行道块件等多种建造形式。预制块件可用整体式或块件式，安装方式可为悬臂式或搁置式两种。人行道如图 3-55 所示。

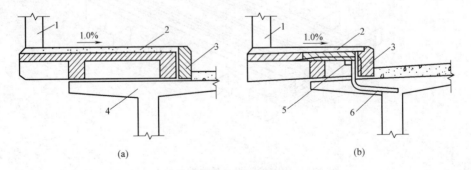

图 3-55 人行道
（a）非悬臂式；（b）悬臂式

1—栏杆；2—人行道铺装层；3—缘石；4—T 形梁；5—锚接钢板；6—锚固钢筋

（3）栏杆、灯柱

栏杆是桥上保护行人安全的设施，要求坚固耐用、美观大方，能表现桥梁建筑艺术。公路与城市道路桥梁的栏杆常用混凝土、钢筋混凝土、钢、铸铁等材料制作，可分为节间式与连续式等类型。

在城市及城郊行人和车辆较多的桥梁上需要设置照明设备，一般采用灯柱在桥面上照明。灯柱可以利用栏杆柱，也可单独设在人行道内侧。灯柱的设计要求经济、合理，同时注意与全桥协调。

市政管网工程图识图诀窍

4.1 城市给水排水工程系统图

4.1.1 城市给水工程系统图

城市给水工程是为满足城乡居民及工业生产等用水需要而建造的工程设施，它所供给的水在水量、水压和水质方面应适合各种用户的不同要求。因此给水工程的任务是自水源取水，并将其净化到所要求的水质标准后，经输配水管网系统送往用户。

给水工程系统的布置形式主要有统一给水系统和分区给水系统两种。统一给水系统是按统一的水质、水压标准供水，如图4-1（a）所示。分区给水系统则是按照不同的水质或水压供水，可分为分质给水系统和分压给水系统，分压给水系统又有并联和串联两种形式，如图4-1（b）所示为并联分压给水系统。

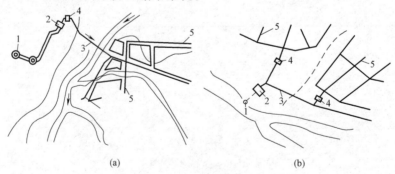

(a)   (b)

图 4-1　给水系统的布置形式

（a）统一给水系统；（b）分区给水系统

1—水源及取水构筑物；2—水处理构筑物；3—输水管；4—加压泵站；5—给水管网

4.1.2 城市排水工程系统图

城市排水系统主要功能是收集各种污水并及时地将其输送至适当地点，妥善处理后排放或再利用。它可以分为排水管网、污水处理厂、排水口和排水体制四个部分。

1. 排水管网

排水管网的布置与地形、竖向规划、污水厂的位置、土壤条件、河流情况以及污水的种类和污染程度等因素有关。

在地势向水体方向略有倾斜的地区，排水系统可布置为正交截流式，即排水流域的干管与等高线垂直相交，而主干管（截流管）敷设于排水区域的最低处，且走向与等高线平行。这样既便于干管污水的自流接入，又可以减少截流管的埋设坡度，如图4-2（a）所示。

在地势高低相差很大的地区，当污水不能靠重力流汇集到同一条主干管时，可分别在高地区和低地区敷设各自独立的排水系统，如图4-2（b）所示。

此外，还有分区式和放射式等布置形式，如图4-2（c）和图4-2（d）所示。

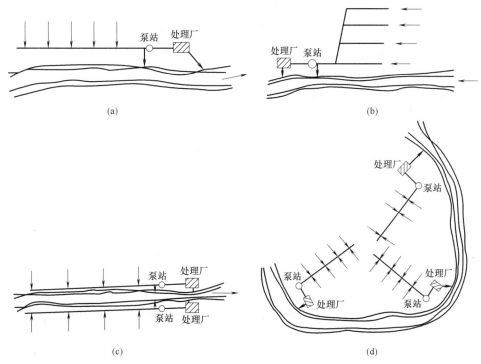

图4-2　排水管网主干管布置示意图
（a）正交截流式；（b）平行式；（c）分区式；（d）放射式

2. 污水处理厂

污水处理厂是处理和利用污水及污泥的一系列工艺构筑物与附属构筑物的综合体。城市污水处理厂一般设置在城市河流的下游地段，并与居民区域城市边界保持一定的卫生防护距离。城市污水厂总平面图如图4-3所示。

城市污水处理的典型流程如图4-4所示。

由图可知，在城市污水处理典型流程中，物理处理部分即一级处理，生物处理部分为二级处理，而污泥处理采用厌氧生物处理，即消化。为缩小污泥消化池的容积，两个沉池的污泥在进入消化池前需进行浓缩。消化后的污泥经脱水和干燥后可进行综合利用，污泥气可做化工原料或燃料使用。

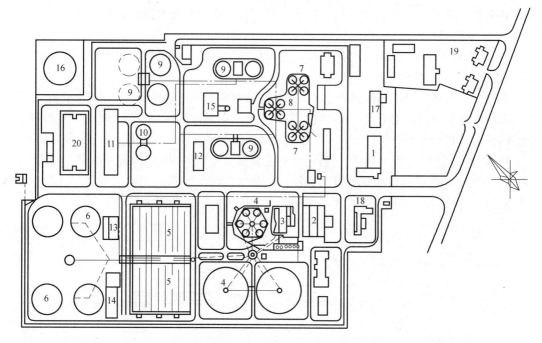

图 4-3　城市污水处理厂总平面图

1—办公化验楼；2—污水提升泵房；3—沉砂池；4—沉池；5—曝气池；

6—二沉池；7—活性污泥浓缩池；8—污泥预热池；9—消化池；10—消化污泥浓缩池；

11—污泥脱水车间；12—中心控制室；13—污泥回流泵房；14—鼓风机车间；15—锅炉房；

16—储气柜；17—食堂；18—变电室；19—生活区；20—污泥干化场

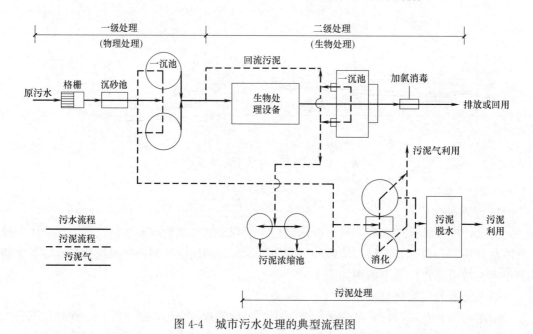

图 4-4　城市污水处理的典型流程图

3. 排水口

排水管道排出水体的排水口的位置和形式，应根据污水水质、下游用水情况、水体的水位变化幅度、水流方向、波浪情况、地形变迁和主导风向等因素确定。

4. 排水体制

（1）分流制

用两个或两个以上的管道系统来分别汇集生活污水、工业废水和雨、雪水的排水方式称为分流制，如图4-5所示。在这种排水系统中，有两个管道系统：污水管道系统排除生活污水和工业废水；雨水管道系统排除雨、雪水。当然，有些分流制只设污水管道系统，不设雨水管道系统，雨、雪水沿路面、街道边沟或明渠自然排放。

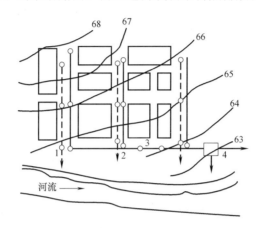

图4-5 分流制排水系统示意图

1—雨水管道；2—污水管道；3—检查井；4—污水处理厂

分流制排水系统可以做到清、浊分流，有利于环境保护，降低污水处理厂的处理水量，便于污水的综合利用；但工程投资大，施工较困难。

（2）合流制

合流制是采用一套排水管路系统排除生活污水、工业废水和雨水。目前比较常用的是截流式合流制排水系统，如图4-6所示。最早出现的合流制排水系统是将泄入其中的污水和雨水不经处理而直接就近排入水体。这种截流式合流制排水系统，不能彻底消除对水体的污染。

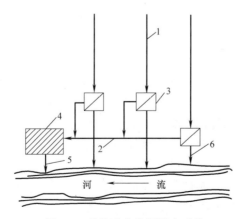

图4-6 截流式合流制排水系统

1—合流干管；2—截流主干管；3—溢流井；4—污水厂；5—出水口；6—溢流干管

4.2　市政管道工程施工图识图

4.2.1　给水管道工程施工图

给水管道施工图通常包括平面图、纵剖面图、大样图与节点详图四种。

1. 平面图

管道平面图主要体现管道在平面上的相对位置以及管道敷设地带一定范围内的地形、地物和地貌情况，如图 4-7 所示。识图时应主要搞清下列问题：

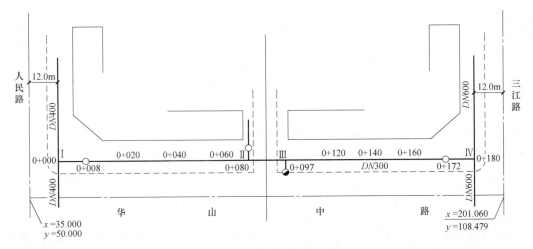

图 4-7　管道平面图

1）图纸比例、说明和图例；

2）管道施工地带道路的宽度、长度、中心线坐标、折点坐标以及路面上的障碍物情况；

3）管道的管径、长度、节点号、桩号、转弯处坐标、中心线的方位角、管道与道路中心线或永久性地物间的相对距离及管道穿越障碍物的坐标等；

4）与本管道相交、相近或是平行的其他管道的位置及相互关系；

5）附属构筑物的平面位置；

6）主要材料明细表。

2. 纵剖面图

纵剖面图主要体现管道沿线的埋设情况，如图 4-8 所示。在识图时应当主要搞清下列问题：

1）图纸横向比例、纵向比例、说明及图例；

2）管道沿线的原地面标高及设计地面标高；

3）管道的管中心标高及埋设深度；

4）管道的敷设坡度、水平距离及桩号；

5）管径、管材及基础；

6）附属构筑物的位置、其他管线的位置及交叉处的管底标高；

7）施工地段名称。

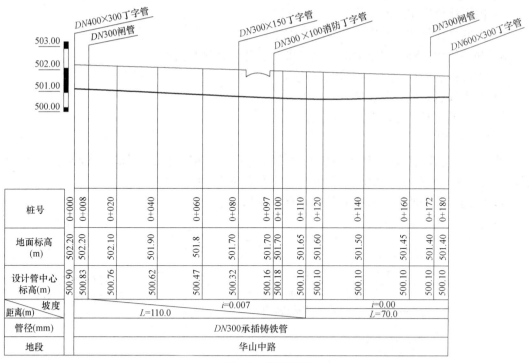

DN400×300丁字管　DN300闸管　DN300×150丁字管　DN300×100消防丁字管　DN300闸管　DN600×300丁字管

桩号	0+000	0+008	0+020	0+040	0+060	0+080	0+097	0+100	0+110	0+120	0+140	0+160	0+172	0+180
地面标高 (m)	502.20	502.20	502.10	501.90	501.8	501.70	501.70	501.70	501.65	501.60	501.50	501.45	501.40	501.40
设计管中心标高(m)	500.90	500.83	500.76	500.62	500.47	500.32	500.16	500.18	500.10	500.10	500.10	500.10	500.10	500.10
坡度 距离(m)				$i=0.007$ $L=110.0$							$i=0.00$ $L=70.0$			
管径(mm)						DN300承插铸铁管								
地段						华山中路								

图 4-8　纵剖面图

3. 大样图

大样图主要是指阀门井、消火栓井、排气阀井、泄水井、支墩等的施工详图，通常由平面图和剖面图组成，如图 4-9 所示的泄水阀井。识图时，应主要搞清下列内容：

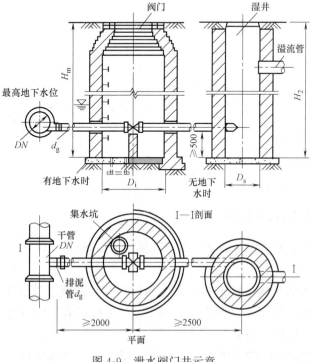

图 4-9　泄水阀门井示意

1）图纸比例、说明及图例；

2）井的平面尺寸、竖向尺寸及井壁厚度；

3）井的组砌材料、强度等级、基础做法、井盖材料及大小；

4）管件的名称、规格、数量及其连接方式；

5）管道穿越井壁处的位置及穿越处的构造；

6）支墩的大小、形状及组砌材料。

4. 节点详图

节点详图主要是体现管网节点处各管件间的组合、连接情况，以确保管件组合经济合理，水流通畅，如图 4-10 所示。识图时，应主要搞清下列内容：

1）管网节点处所需的各种管件的名称、规格、数量；

2）管件间的连接方式。

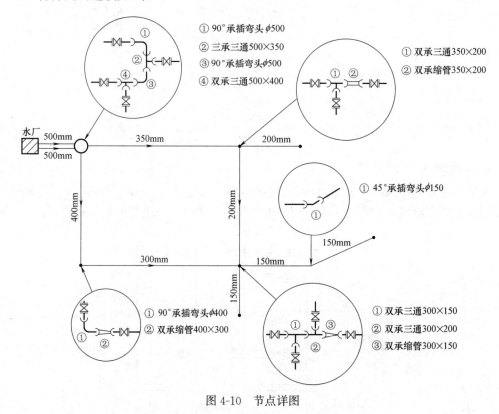

图 4-10　节点详图

4.2.2　排水管道工程施工图

排水管道施工图通常包括平面图、纵剖面图及大样图三种。

1. 平面图

管道平面图主要体现的是管道在平面上的相对位置及管道敷设地带一定范围内的地形、地物及地貌情况，如图 4-11 所示。识图时，应主要搞清下列问题：

1）图纸比例、说明和图例；

2）管道施工地带道路的宽度、长度、中心线坐标、折点坐标以及路面上的障碍物情况；

3）管道的管径、长度、坡度、桩号、转弯处坐标、管道中心线的方位角、管道与道路中心线或永久性地物间的相对距离及管道穿越障碍物的坐标等；

4）与本管道相交、相近或平行的其他管道的位置以及相互关系；

5）附属构筑物的平面位置；

6）主要材料明细表。

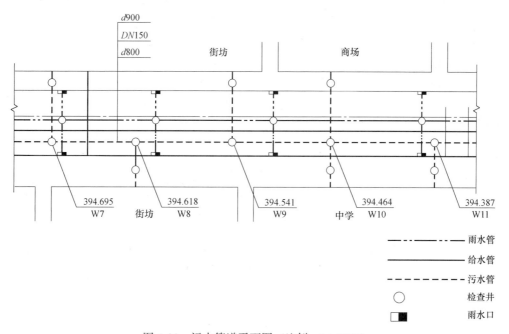

图 4-11　污水管道平面图（比例：1∶2000）

2. 纵剖面图

纵剖面图主要体现管道的埋设情况，如图 4-12 所示。识图时，应主要搞清下列内容：

1）图纸横向比例、纵向比例、说明及图例；

2）管道沿线的原地面标高及设计地面标高；

3）管道的管内底标高及埋设深度；

4）管道的敷设坡度、水平距离和桩号；

5）管径、管材和基础；

6）附属构筑物的位置、其他管线的位置及交叉处的管内底标高；

7）施工地段名称。

3. 大样图

大样图主要是指检查井、雨水口及倒虹管等的施工详图，通常由平面图和剖面图组成，图 4-13 所示为某砖砌矩形检查井的剖面图（平面图略）。识图时，应主要搞清下列内容：

1）图纸比例、说明和图例；

2）井的平面尺寸、竖向尺寸、井壁厚度；

3）井的组砌材料、强度等级、基础做法、井盖材料及大小；

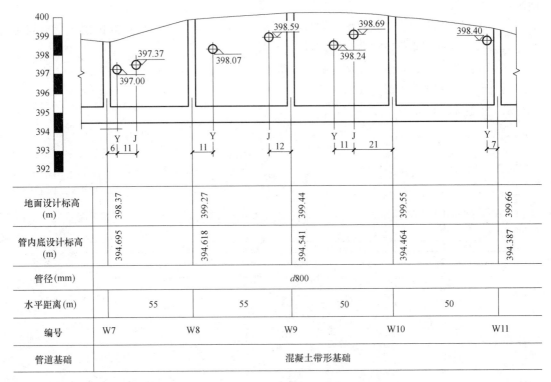

图 4-12　污水干管纵剖面图

地面设计标高(m)	398.37	399.27	399.44	399.55	399.66
管内底设计标高(m)	394.695	394.618	394.541	394.464	394.387
管径(mm)	d800				
水平距离(m)	55	55	50	50	
编号	W7	W8	W9	W10	W11
管道基础	混凝土带形基础				

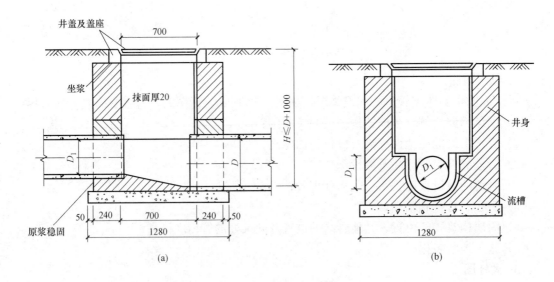

图 4-13　检查井剖面图

(a) Ⅰ—Ⅰ剖面；(b) Ⅱ—Ⅱ剖面

4）管道穿越井壁的位置及穿越处的构造；

5）流槽的形状、尺寸及组砌材料；

6）基础的尺寸及材料等。

4.2.3 燃气管道与热力管道工程施工图

燃气管道与热力管道工程施工图一般包括平面图、纵断面图、横断面图与节点大样图四种。

1. 平面图

在管道平面图中主要搞清管道的长度、根数及其定位尺寸；补偿器、排水器等附件的名称、规格及数量；阀门井的定位尺寸及数量等。

2. 管线纵断面图

在管道纵断面图中，主要搞清地面标高、管线中心标高、管径、坡度坡向、排水器等管件的中心标高。

3. 管线横断面图

在管线横断面图中主要搞清各管线的相对位置以及安装尺寸。

4. 节点大样图

在节点大样图中，主要搞清各连接管件、阀门、补偿器、排水器的安装尺寸及规格。

5

隧道与涵洞工程图识图诀窍

5.1 隧道工程图

5.1.1 隧道洞门图

1. 隧道洞门图的特点

隧道洞门位于隧道的两端，是隧道的外露部分，俗称出入口。它一方面起着稳定洞口仰坡坡脚的作用；另一方面，也有装饰美化洞口的效果。根据地形和地质条件的不同，隧道洞口的形式主要有端墙式、翼墙式和环框式等形式，如图5-1所示。

图 5-1 隧道洞门的形式
（a）端墙式；（b）翼墙式

隧道洞门图一般用立面图、平面图和洞口纵剖面图来表达它的具体构造，通常可采用1∶100～1∶200 的比例。

（1）立面图

以洞门口在垂直路线中心线上的正面投影作为立面图，不论洞门是否左右对称，都必须把洞门全部画出。主要表达洞门墙的形式、尺寸、洞口衬砌的类型、主要尺寸、洞顶排水沟的位置、排水坡度等，同时也表达洞门口路堑边坡的坡度等。

（2）平面图

主要是表达洞门排水系统的组成及洞内外水的汇集和排水路径。另外，还应表达洞顶仰坡与边坡的过渡关系。为了图面清晰，常略去端墙、翼墙等的不可见轮廓线。

（3）侧面图（纵向剖面图）

通常，以沿隧道中心线剖切的纵向剖面图取代侧面图。主要表达洞门墙的厚度、倾斜度，洞顶排水沟的断面形状、尺寸，洞顶帽石等的厚度，洞顶仰坡的坡度，以及洞内路面结构、隧道净高等。

2. 隧道洞门图的识图方法

1）要概括了解该隧道洞门图采用了哪些投影图及各投影图要重点表达的内容，了解剖面图、断面图的剖切位置和投影方向。

2）根据隧道洞门的构造特点，把隧道洞门图沿隧道轴线方向分成几段，而每一段沿高度方向又可以分为不同的部分，对每一部分进行分析阅读。阅读时一定要抓住重点反映这部分形状、位置特征的投影图进行分析。

3）对照隧道的各投影图（立面图、平面图、剖面图）全面分析，明确各组成部分之间的关系，综合起来想象出整体形状。

现以图 5-2 为例，说明某隧道的门洞图的读图方法和步骤。

1）从平面图中可见，洞外截水沟与边沟的汇集情况及排水路径，可以看出洞内外排水系统是独立的，排水方向相反。在正面投影图可以看到边沟的横断面形状及路堑边坡的坡度。

2）从立面图中可以看出，洞门墙、洞门衬砌、墙下基础、墙帽及墙顶城墙垛等的正面形状，上下、左右的位置关系及长、宽方向的尺寸。而从侧面投影可以看到洞门墙、墙下基础、墙帽及墙顶城墙垛的厚度及前后位置关系，洞门墙的倾斜度，还可以看出前后方向的尺寸。如洞门衬砌由拱圈和仰拱组成，拱圈外径为 660cm，内径为 555cm，由于内、外圈圆心在高度方向上存在 25cm 的偏心距，所以拱圈的厚度从拱顶到拱脚是逐渐变厚的，拱圈顶部厚度为 80cm。仰拱内圈半径为 1300cm，厚度为 70cm。从侧面投影中可见明暗洞的分界线，从侧面投影的剖面图可看出洞门衬砌为钢筋混凝土。从立面图中可见洞内路面左低右高，坡度为 4%，仰拱与路面之间是 M10 片石混凝土回填。从侧面图和平面图中可以看出该隧道洞门桩号为 K21＋823。

3）从侧面投影图中可分析排水沟断面尺寸、形状及材料，其中 50×50 表示排水沟水槽的截面尺寸，从正面投影图中可以看出排水沟的走向及排水坡度。明洞回填在底部是 600cm 高的浆砌片石回填，其上是夯实碎石土。

5.1.2 隧道衬砌图

1. 隧道衬砌分类

隧道衬砌是为防止围岩变形或坍塌，沿隧道洞身周边用钢筋混凝土等材料修建的永久性支护结构。

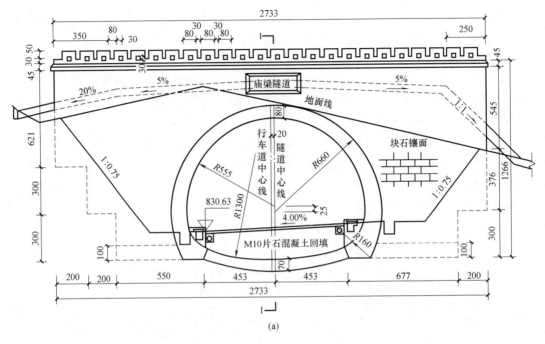

(a)

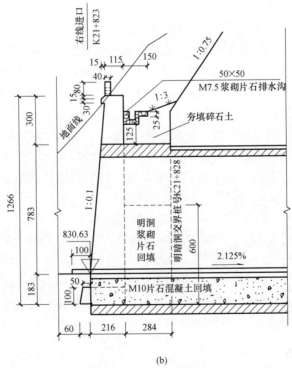

(b)

图 5-2　隧道门洞图（一）

(a) 立面图（1:100）；(b) Ⅰ-Ⅰ剖面图（1:100）；

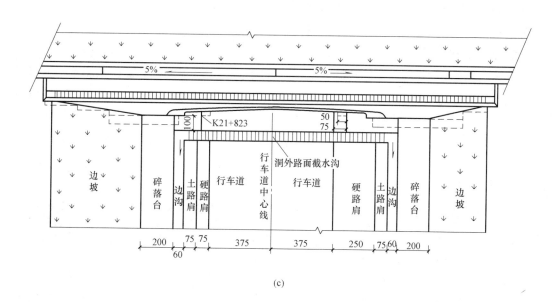

(c)

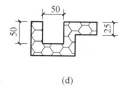

(d)

附注:1.本图尺寸除标高以 m 计算外,其余均以 cm 为单位。

2.洞门桩号为 K21+823。

3.洞门端墙表面采用 30cm×30 cm×60cm 块石装饰,洞门施工应避开雨季和冬季,施工前需先做好边仰防护。

4.在洞顶截水沟横坡变化处增加消力件设施。

5.施工后洞门顶山坡应植草绿化。

6.隧道应遵循"早进洞,晚出洞"的原则,避免大挖大刷,实施施工与设计图样不符时,应及时通知设计单位,调整明洞长度及边仰坡坡率。

7.隧道洞外路面截水沟横坡顺应路面横坡设置。

图 5-2 隧道门洞图(二)

(c)平面图(1:100);(d)排水沟断面大样图(1:50)

在不同的围岩中可采用不同的衬砌形式,常用的衬砌形式有喷射混凝土衬砌、喷锚衬砌及复合式衬砌。目前工程上常采用复合式衬砌。

复合式衬砌常分为初期支护(一次支护)和二次支护(二次衬砌)。

(1)初期支护

初期支护是为了保证施工的安全、加固岩体和阻止围岩的变形而设置的结构,指喷射混凝土、锚杆或钢拱架支撑的一种或几种组合对围岩进行加固。

(2)二次支护

二次支护是为了保证隧道使用的净空和结构的安全而设置的永久性衬砌结构,待初期支护的变形基本稳定后，再进行现浇混凝土二次衬砌。

隧道衬砌断面可采用直墙拱、曲墙拱、圆形及矩形断面。

2. 隧道衬砌图的特点

隧道衬砌图采用在每一级围岩中用一组垂直于隧道中心线的横断面图来表示隧道衬砌的结构形式。除用隧道衬砌断面设计图来表达该围岩段隧道衬砌总体设计外，还有针对每一种支护、衬砌的具体构造图。

1）隧道衬砌断面设计图主要表达该围岩段内衬砌的总体设计情况，表明有哪一种或哪几种类型的支护及每种支护的主要参数、防排水设施类型和二次衬砌结构情况。

2）各种支护、衬砌的构造图（如超前支护断面图、钢拱架支撑构造图、防排水设计图、二次衬砌钢筋构造图等）具体地表达每一种支护各构件的详细尺寸、分布情况、施工方法等。

3. 隧道衬砌图的识图方法

1）认真阅读隧道衬砌断面设计图，全面了解该围岩段所有的支护种类及相互关系。

2）同时注意阅读材料表和附注，了解注意事项和施工方法等。

3）阅读每一种支护、衬砌的具体构造图，分析每一种支护的具体结构、详细尺寸、材料及施工方法。

现以图 5-3 为例，说明Ⅱ类围岩浅埋段衬砌断面图的读图方法和步骤。

1）该围岩段采用了曲墙式复合衬砌，包括超前支护、初期支护和二次衬砌。由图已知初期支护和二次衬砌的断面轮廓。

2）超前支护是指为保证隧道工程开挖工作面稳定，在开挖之前采取的一种辅助措施。如图所示，隧道Ⅱ类围岩浅埋段在洞口采用 $\phi108$ 长管棚超前支护，在Ⅱ类围岩浅埋段其他位置采用 $\phi50$ 超前小导管支护，即沿开挖外轮廓线向前以一定外倾角打入管壁带有小孔的导管，且以一定压力向管内压注起胶结作用的浆液，待其硬化后岩体得到预加固。

3）初次支护：径向锚杆（系统锚杆）支护，在土质中采用直径为 22mm 的砂浆径向锚杆，锚杆长度为 4m，间距为 75cm×75cm，在石质中采用直径为 25mm 的自钻式径向锚杆，锚杆长度为 4m，间距为 75cm×75cm；型号为 I20a 工字钢钢拱架支撑，相邻钢拱架的纵向间距为 75cm；挂设钢筋网片支护，钢筋直径为 8mm，钢筋网网格为 15cm×15cm；在锚杆、钢筋网片和钢拱架之间喷射 C25 混凝土 25cm，使锚杆、钢拱架支撑、钢筋网、喷射混凝土共同组成一个大半径的初期支护结构。

4）初期支护是指超前小导管尾部、锚杆尾部与钢拱架支撑、钢筋网等都焊接在一起，以保证钢拱架、钢筋网、喷射混凝土、锚杆和围岩形成联合受力结构。在初次支护和二次衬砌之间做 $\phi50$ 环向排水管、EVA 复合土工布防水层。二次衬砌是现浇 C25 钢筋混凝土 45cm。

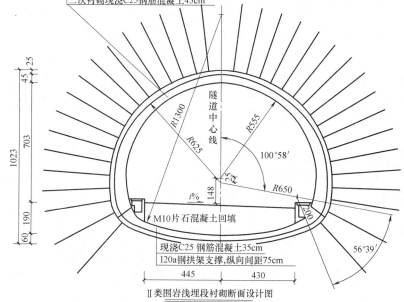

φ108超前长管棚注浆支护,环向间距40cm,L=20m,α=1°
φ50超前小导管注浆支护,环向间距30cm,L=4.1m,α=10°
φ25自钻式锚杆,L=4m,间距75×75(石质隧道中采用)
φ22砂浆锚杆,L=4m,间距75×75(土质隧道中采用)
I20a钢拱架支撑,纵向间距75cm
喷C25混凝土25cm,钢筋网φ8.15×15
φ50mm环向排水管,EVA复合土工布
二次衬砌现浇C25钢筋混凝土45cm

隧道中心线

R1300
R555
R625
R650
100°58′
M10片石混凝土回填
现浇C25钢筋混凝土35cm
I20a钢拱架支撑,纵向间距75cm
56°39′

Ⅱ类围岩浅埋段衬砌断面设计图
1:100

每延米工程数量表

序号	项目	规格	单位	数量	备注
1	土石开挖		m³	112.9	
2	长管棚	φ108	kg	9398	每组长管棚量
	小导管	φ50	kg	279.2	壁厚4mm
3	注浆	水泥水玻璃浆	m³	25.12	每组长管棚量
	注浆	水泥水玻璃浆	m³	4.25	小导管中采用
4	自钻式锚杆	φ25	m	186.7	石质中采用每环35根
	砂浆锚杆	φ22	kg	556.37	土质中采用每环35根
5	φ8钢筋网	15×15	kg	118.5	
6	喷混凝土	C25	m³	6.3	
7	型钢钢架	I20a	kg	1362.4	
8	钢板	300×250×20	kg	188.5	
9	高强度螺栓、螺母	AM20	kg	10.7	
10	纵向连接钢筋	HRB335	kg	188.7	
11	拱圈二次衬砌	C25	m³	13.0	
12	拱圈二衬钢筋	HRB335	kg	669.4	
13	拱圈二衬钢筋	HPB300	kg	115.4	
14	仰拱钢筋	HRB335	kg	412.2	
15	仰拱钢筋	HPB300	kg	56.7	
16	仰拱二次衬砌	C25	m³	7.8	
17	片石混凝土仰拱回填	C20	m³	10.44	
18	喷涂		m³	20.19	

附注:
1.本图尺寸除钢筋直径以mm计外,其余均以cm计。
2.本图适用于Ⅱ类围岩浅埋段。
3.施工中若围岩划分与实际不符时,应根据围岩监控量测结果,及时调整开挖方式和修正支护参数。
4.施工中应严格遵守短进尺、弱爆破、强支护、早成环的原则。
5.Ⅱ类围岩浅埋段超前支护在洞口段采用φ108长管棚,在其余位置采用φ50超前小导管。
6.隧道穿过石质层时采用φ25自钻式锚杆;穿过土质层时采用φ22砂浆锚杆。
7.隧道施工预留变形量15cm。
8.初期支护的锚杆应尽可能与钢支撑焊接。

图5-3 Ⅱ类围岩浅埋段衬砌断面设计图

5.2 涵洞工程图

5.2.1 涵洞的分类与组成

涵洞是用于宣泄路堤下水流的工程建筑物，是狭而长的建筑物。它从路面下方横穿过道路，埋置于路基土层中，涵洞与桥梁的作用基本相同，主要区别在于跨径的大小和填土高度。根据《公路工程技术标准》JTG B01—2014 中的规定，凡是单孔跨径小于 5m，多孔跨径总长小于 8m，以及圆管涵、箱涵，不论其管径或跨径大小、孔数多少，均称为涵洞。涵洞顶上一般都有较厚的填土（洞顶填土大于 50cm）。涵洞在道路工程中应用广泛，结构形式比较灵活。

1. 涵洞的分类

1）按建筑材料分类，有钢筋混凝土涵、混凝土涵、砖涵、石涵、木涵、金属涵等。

2）按构造形式分类，有圆管涵、拱涵、箱涵、盖板涵等，如图 5-4 所示。工程上多用此类分法。

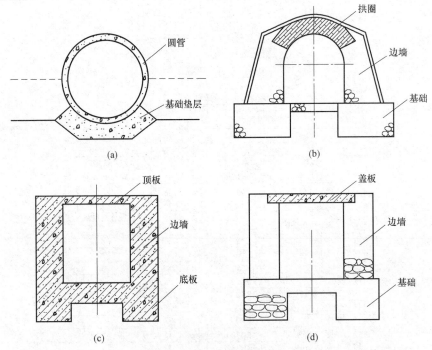

图 5-4　按构造形式分类

(a) 圆管涵；(b) 拱涵；(c) 箱涵；(d) 盖板涵

3）按孔数分类，有单孔、双孔及多孔等。

4）按洞顶有无覆盖土分类，可分为明涵和暗涵（洞顶填土大于 50cm 等）。

2. 涵洞的组成

涵洞是由洞口、洞身（涵身）和基础三部分组成的排水构筑物。

（1）洞口

洞口由端墙、翼墙或护坡、截水墙和缘石等部分组成，它是保证涵洞基础和两侧路基免受冲刷、使水流顺畅的构造。常见的洞口形式有一字墙式（端墙式）、八字墙式（翼墙式）、领圈式（平头式）和走廊式，如图 5-5 所示。

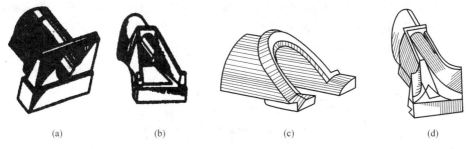

图 5-5　按洞口形式分类
（a）一字墙式；（b）八字墙式；（c）领圈式；（d）走廊式

（2）洞身

洞身是涵洞的主要部分，它的主要作用是承受荷载压力和填土压力等，将其传递给地基，并保证设计流量通过的必要孔径。常用的洞身形式有圆管洞身、拱形洞身、箱形洞身、盖板洞身。

（3）基础

基础修筑在地面以下，承受整个涵洞的重量，防止水流冲刷而造成的沉陷和坍塌，起保证涵洞稳定和牢固的作用。

5.2.2　涵洞工程图的特点

涵洞工程图主要由立面图（纵剖面图）、平面图、侧面图和必要的构造详图（如涵身断面图、钢筋布置图、翼墙断面图）、工程数量表、注释等组成。

（1）立面图

涵洞工程图以水流方向为纵向（即与路线前进方向垂直布置），并以纵剖面图代替立面图，剖切平面通过涵洞轴线。

（2）平面图

平面图一般不考虑涵洞上方的铺装或覆土，或把涵面铺装或土层看成是透明的。圆管涵在平面图上一般不画出涵身基础的投影，而在立面图和断面图中表达。

（3）侧面图

侧面图主要表达洞口正面布置情况。当进、出水洞口形状不一样时，则需分别画出其进出水洞口布置图。

（4）涵身断面图、钢筋布置图、翼墙断面图等

可在另外的图中表达。

5.2.3　涵洞工程图的识图方法

1）了解涵洞采用了哪些基本的表达方法，采用了哪些特殊的表达方法，各剖面图、断面图的剖切位置和投影方向，各投影图的主要作用。然后，以立面图为主，结合其他投影图了解涵洞的组成及相对位置。

2）根据涵洞各组成部分的构造特点，可把它沿长度方向分为进、出洞口及洞身三部分。而每一部分沿宽度或高度方向又可以分为不同的部分。

3）在分析的基础上，对照涵洞的各投影图、剖面图、断面图、大样图等全面综合，明确各组成部分之间的关系，考虑涵洞图的特点，想象出整体。

现以图 5-6 为例，说明双孔圆管涵构造图的读图方法和步骤。

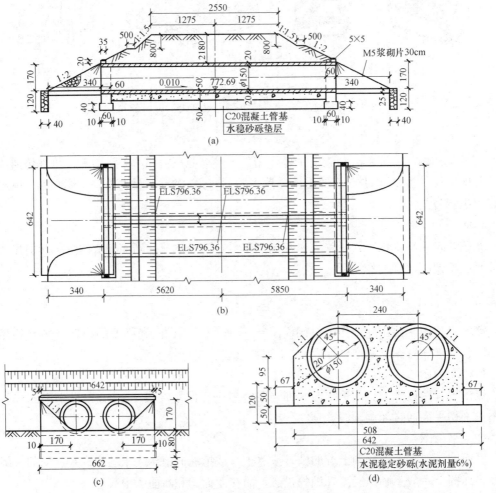

工程数量表					
工程项目名称	单位	数量	工程项目名称	单位	数量
C20混凝土端墙墙身	m³	12.19	M7.5浆砌片石隔水墙	m³	6.16
C20混凝土端墙基础	m³	3.18	M5浆砌片石锥坡	m³	4.75
C20混凝土管基	m³	851.46	锥心填土	m³	5.54
C25混凝土墙帽	m³	0.90	2m管节个数	个	57
水稳砂砾垫层	m³	815.35	0.5m管节个数	个	2
M7.5浆砌片石洞口铺砌	m³	5.53	基底强夯	m³	815.35

附注：
1. 本图尺寸除标高以m计外，其余均以cm计。
2. 涵洞全长范围内每10m设沉降缝1道。
3. 管基混凝土可分两次浇筑，先浇筑底下部分，预留管基厚度及安放管节坐浆混凝土2~3cm，待安放管节后再浇筑管底以上部分。
4. ELS表示道路中心线设计标高，ELC表示路基边缘设计标高。

图 5-6　双孔圆管涵构造图

(a) 立面图（1∶100）；(b) 平面图（1∶100）；(c) 侧面图（1∶100）；(d) 洞身断面大样图（1∶50）

　　1) 路基宽度为 2550cm。洞顶填土厚度为 2180cm，由于路基太高使圆管长度及洞顶填土高度远远大于圆管管径，所以图中的管长及洞顶填土部分的尺寸没有按比例画出。路基边坡分为两段，上面部分坡度为 1∶1.5，下面部分坡度为 1∶2，在两坡面之间有 500cm 宽的平台，该平台距路面高度方向的尺寸为 800cm。

　　2) 洞身：涵管管径为 150cm，管壁厚度为 20cm，涵管长为（5620＋5850）cm＝11470cm，两管之间的中心距为 240cm。洞底砂砾垫层厚度为 50cm，混凝土管基厚度为 50cm，设计流水坡度为 1%。综合分析洞身断面大样图、工程数量表及注释，可以确定洞身的断面形状、详细尺寸、材料及施工注意事项。

　　3) 洞口：进洞口、出洞口均采用了端墙式洞口，由端墙、端墙基础、缘石（墙帽）、护坡、洞口铺砌及截水墙组成。锥形护坡锥底椭圆长轴半径为 340cm，短轴半径为 170cm，护坡高度为 170cm。锥形护坡纵向坡度为 1∶2，与下段路基坡度一致，横向坡度为 1∶1。截水墙厚度为 40cm，长度为 642cm，高度为 120cm。由侧面图中的虚线可知截水墙全部被埋置在土中。端墙高度为 170cm，长度为 642cm，厚度为 60cm。端墙基础的长度为 662cm，高度为 40cm，厚度为（60＋10×2）cm＝80cm。缘石（墙帽）形状为长方体，该长方体的长度为 652cm，厚度为 35cm，高度为 20cm，缘石上部洞口方向及两侧的棱被斜截面截切，形成 5cm×5cm 的倒角。从立面图和工程数量表中可以看出，护坡表层是 30cm 厚的 M5 浆砌片石，护坡锥心是填土；洞口铺砌及截水墙都是 M7.5 浆砌片石砌成；端墙及端墙基础均为 C20 混凝土浇筑而成；缘石（墙帽）由 C25 混凝土浇筑而成。

　　4) 图（a）采用沿涵管中心线的剖切形式，图中表示出涵洞各部分的相对位置和构造形状。

　　5) 图（b）表达了圆管洞身、洞口铺砌、锥形护坡、缘石、端墙及端墙基础的平面形状及它们之间的相对位置，在平面图中涵顶覆土做透明处理，用示坡线表示路基边坡。同时，还标出涵洞中心处道路中心线设计标高为 796.36m，路基边缘设计标高为 796.36m。

　　6) 图（c）采用洞口正面图来表示，主要表示洞口缘石和锥形护坡的截面形状及尺寸。

　　7) 图（d）采用 1∶50 的比例，图中表示出了洞身基础、砂砾垫层的详细尺寸，并把各部分的材料表示了出来。

6

市政工程识图实例

6.1 道路工程施工图识图实例

实例1：某公路路线平面图识图

某公路路线平面图如图 6-1 所示，从图中可以看出：

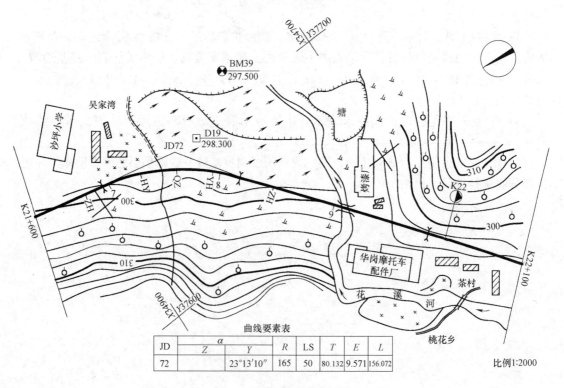

JD	α		R	LS	T	E	L
	Z	Y					
72		23°13′10″	165	50	80.132	9.571	156.072

曲线要素表

比例1:2000

图 6-1　某公路路线平面图

（1）比例

本图采用的比例是 1∶2000。

（2）坐标网

图中，符号"⏀"表示指北针，符号"$\frac{X34700}{Y37700}$"表示两垂直线的交点坐标为距坐标网原点之北 34700m，之东 37700m。

（3）地形图

等高线的高度差为 2m，东北方和西南方各有一座小山丘，西北方和东南方地势较平坦。有一条花溪河从东南流向西北。

（4）地物

图中，东北面和西南面的两座小山丘上种有果树，靠山脚处有旱地。东南面有一条大路和小桥连接茶村和桃花乡，河边有些菜地。西偏北有大片稻田。图中还表示了村庄、工厂、学校、小路、水塘的位置。

（5）路线

图中，用 2 倍于设计曲线线宽的粗实线沿路线中心绘制了 21km＋600m 至 22km＋100m 路段的公路路线平面图。

（6）公里桩

右端 22km 处，用符号"⏀"表示公里桩。

（7）平曲线

图中，"JD72"表示第 72 号交角点。由图中的曲线表可知，该圆曲线沿路线前进方向的右偏角 α 为 23°13′10″。曲线半径 R 为 165、切线长 T 为 80.132、曲线长 L 为 156.072、外矢距 E 为 9.571、设有缓和曲线段路线的缓和曲线长 LS 为 50 等数值。

（8）水准点

用以控制标高的水准点用符号"◉$\frac{BM39}{297.500}$"表示，图中 BM39 表示第 39 号水准点，标高为 297.500m。

（9）导线点

用以导线测量的导线点用符号"▣$\frac{D19}{298.300}$"表示，图中 D19 表示第 19 号导线点，其标高为 298.300m。

实例 2：某道路浆砌片石护面墙设计图识图

某道路浆砌片石护面墙设计图如图 6-2 所示，从图中可以看出：

1）该图包括图样、工程数量表和附注三部分内容。

2）图样部分表达了浆砌片石护坡和衬砌拱护坡结构形式、尺寸和材料。

3）工程数量表表达了每延米护砌所用各种材料的数量。

4）附注部分说明了图中尺寸标注的单位、使用范围和技术要求。

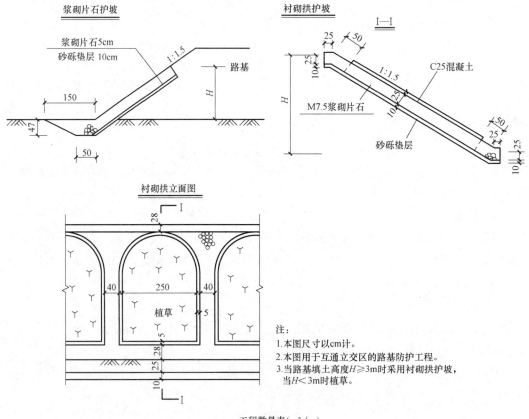

注:
1.本图尺寸以cm计。
2.本图用于互通立交区的路基防护工程。
3.当路基填土高度$H \geq 3m$时采用衬砌拱护坡，
当$H < 3m$时植草。

工程数量表(m³/m)

项目 类别	M7.5 浆砌片石	砂砾垫层	C25 混凝土	植草	挖基土方
浆砌片石护坡	0.47+0.45H	0.18H+0.04			0.51+0.63
衬砌拱护坡	0.06H+0.41	0.024H+0.16	0.018H+0.01	1.5(H−2)+1.95	0.102H+0.584

图 6-2　某道路浆砌片石护面墙设计图

6.2　桥梁工程施工图识图实例

实例3：某桥桥位平面图识图

某桥桥位平面图如图 6-3 所示，从图中可以看出：

1）该桥所处的地形为两山头间的宽敞河谷区，桥梁与道路顺直连接，两岸滩地上有果园和稻田。

2）图中，还标明了三个钻孔、水准点、里程的平面位置。

3）桥位平面图中的植被、水准符号等均应以正北方向为准，而图中文字方向则可按路线要求及总图标方向来决定。

4）对于小范围内桥位平面图，为了使桥位清晰，可以省略地物图例，如图 6-4 所示。

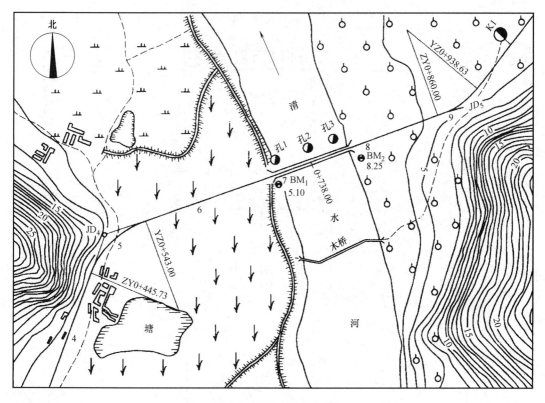

图 6-3　某桥桥位平面图

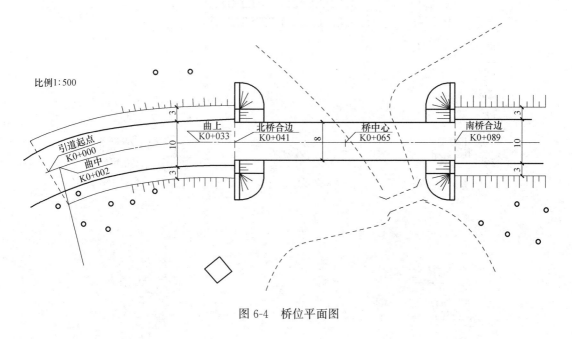

图 6-4　桥位平面图

实例4：某桥桥墩构造图识图

某桥桥墩构造图如图 6-5 所示，从图中可以看出：

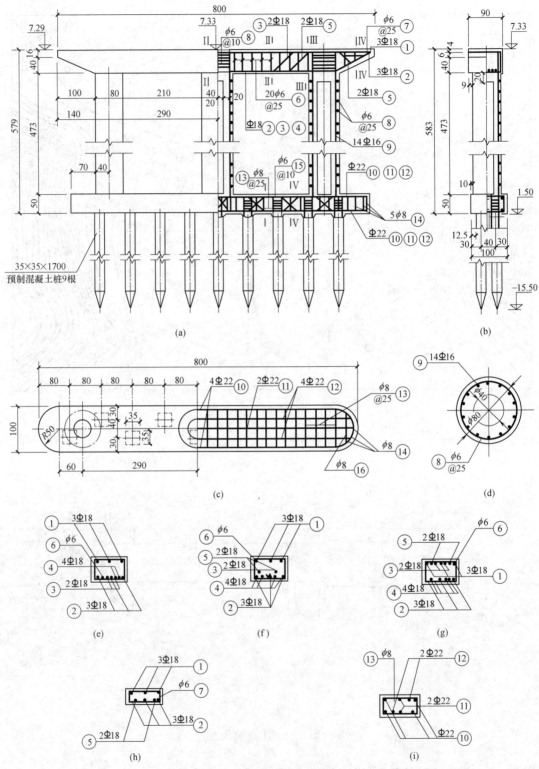

图 6-5　某桥桥墩构造图

（a）桥墩立面图；（b）桥墩侧面图；（c）下盖梁平面图；（d）立柱断面图；

（e）Ⅰ-Ⅰ断面图；（f）Ⅱ-Ⅱ断面图；（g）Ⅲ-Ⅲ断面图；（h）Ⅳ-Ⅳ断面图；（i）Ⅴ-Ⅴ断面图

1）图（a）中，下面是 9 根 35cm×35cm×1700cm 的预制钢筋混凝土桩，桩的钢筋没有详细表示，只用文字将柱和下盖梁的钢筋连接情况标注在说明栏内。

2）平面图是把上盖梁移去，表示立柱、桩的排列和下盖梁钢筋网布置的情况，平面图中没有把立柱的钢筋表示出来，而另用放大比例的立柱断面图表示。

3）这里没有对钢筋成型图进行列取，读图时可根据投影图、断面图和表 6-1 工程数量表略图对照来分析。例如，立面图中编号为②的钢筋，可对照立面图、断面图和略图，看出为 3 根直径为 18mm 的 HRB335 级热轧带肋钢筋，每根长度为 868cm，两端弯起长度为 104cm；又如编号为④的钢筋，可对照上盖梁断面图、侧面图和略图，看出为 4 根直径为 18mm 的 HRB335 级热轧带肋钢筋，每根长度为 660cm。

工程数量表（每墩钢筋总重 903.6kg，每墩混凝土总计 13.57m³）　　　　表 6-1

编号	直径	略图	每根长(cm)	根数	总长(m)	钢筋重量(kg)
1	Φ18	 854	854	3	25.62	51.3
2	Φ18	 104　660　104	868	3	26.04	52.0
3	Φ18	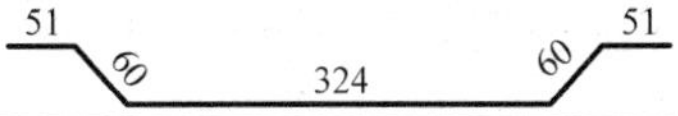 51　60　324　60　51	546	2	10.92	21.8
4	Φ18	 660	660	4	26.40	52.8
5	Φ18	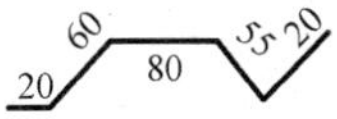 60　55 20　20　80	235	2	4.70	9.4
6	φ6	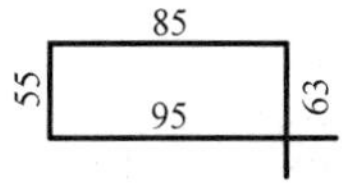 85　55　95　63	296	20	59.20	15.4
7	φ6	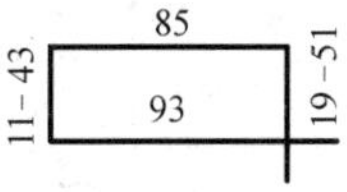 85　11-43　93　19-51	208～272	8	19.20	4.3
8	φ6	 252	252	75	189.00	31.8
9	Φ16	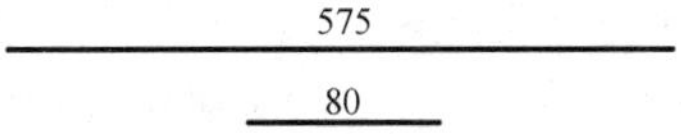 575　80	575	42	261.00	412.4
10	Φ22	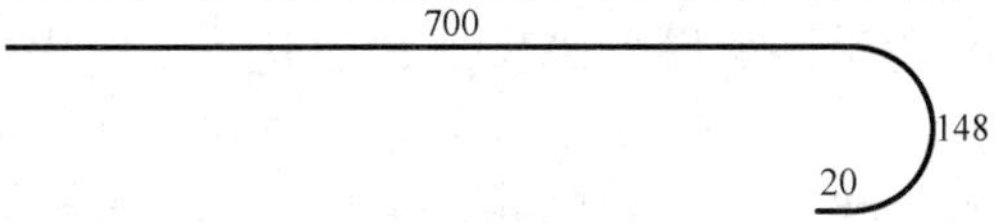 700　148　20	868	4	34.72	104.1
11	Φ22	 794	794	2	15.88	47.6
12	Φ22	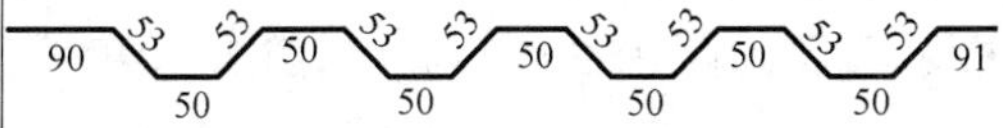 90　53　53　50　53　53　50　53　53　50　53　53　91　50　50　50　50	956	2	19.12	57.5

编号	直径	略图	每根长（cm）	根数	总长（m）	钢筋重量（kg）
13	φ8	95 / 45 105 55	300	29	87.00	34.3
14	φ8	48	48	10	4.80	1.9
15	φ6	30 / 25 38 33	126	36	45.36	10.4
16	φ8	80	80	4	3.20	12.6

实例5：矩形桥梁钢筋图识图

矩形桥梁钢筋图如图6-6所示，从图中可以看出：

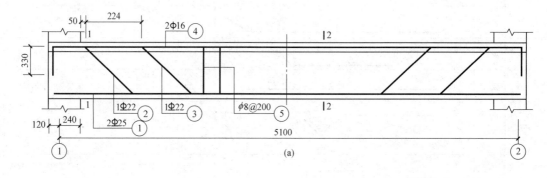

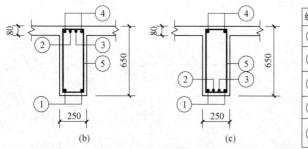

钢筋表

编号	直径（mm）	型式	单根长（mm）	根数	总长（m）	单位/重（kg/m）
①	Φ25	5290	5290	2	10.58	40.73
②	Φ22	385 848 3320 848 385 / 330 330	6446	1	6446	31.75
③	Φ22	785 2526 785 / 330 330	6446	1	6446	31.75
④	Φ16	5290	5490	2	10.98	17.32
⑤	Φ8	300 / 700 200 600	1800	25	45.00	19.25

图6-6 矩形桥梁钢筋图

(a) 立面图（1：25）；(b) 1-1断面图（1：20）；(c) 2-2断面图（1：20）

1）梁的外形由立面图和1-1、2-2两个断面图的细实线来表达，从图中可知是矩形梁，构件外形的尺寸为：长5340mm、宽250mm、高650mm。

2）在对钢筋编号识读过程中，如从图6-6（a）可知：①号钢筋在梁的底部，结合1-1（跨中）、2-2（支座）断面图看出，①号钢筋布置在梁底部的两侧，为两根直径为25mm贯通的HRB335级直钢筋。依次识读其他编号的钢筋。如立面图上画的⑤号钢筋表示箍筋，钢筋直径为8mm，共25根，箍筋间距为200mm。从符号可知④、⑤钢筋均为HPB300级钢筋。

3）分析读图所得的各种钢筋的形状、直径、根数、单根长是否与钢筋成型图、钢筋表中的相应内容相符。

梁内部钢筋布置的立体效果如图6-7所示。

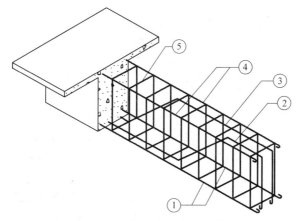

图 6-7 矩形梁的钢筋布置立体图

实例 6：某桥梁工程钢筋混凝土桩结构图识图

某桥梁工程钢筋混凝土桩结构图如图 6-8 所示，从图中可以看出：

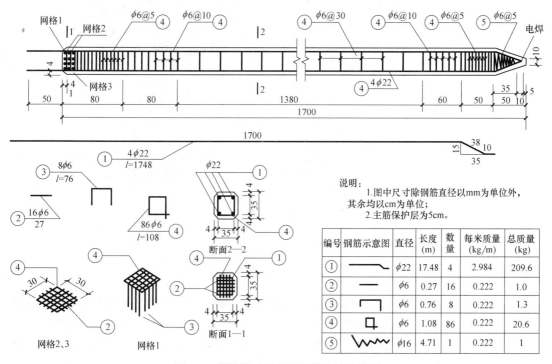

图 6-8 某桥梁工程钢筋混凝土桩结构图

（1）图形为一方形断面，长度为 17m，横截面为 35cm×35cm。

（2）桩顶具有 3 层网格，桩尖则为螺旋形钢箍，其他部分为方形钢箍，分三种间距：

中间为 30cm，两端为 5cm，其余为 10cm。

（3）主钢筋①为 4 根长度为 1748cm 的 $\phi 22$，除了钢筋成型图之外，还列出了钢筋数量一览表，以便对照和备料之用。

6.3　市政管网工程施工图识图实例

实例 7：市政给水排水平面图识图

市政给水排水平面图如图 6-9 所示，从图中可以看出：

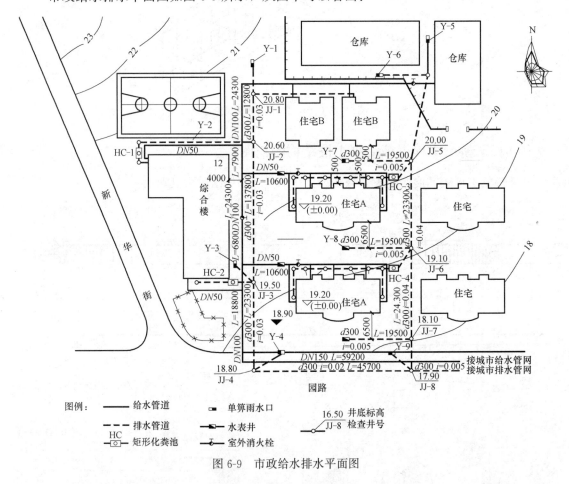

图 6-9　市政给水排水平面图

1）原有给水管道由东南角的城市水管网引入，管径 $DN150$。在西南角转弯进入小区，管中心距综合楼 4m，管径改为 $DN100$。给水管一直向北再折向东。沿途分别设置两支管接入综合楼（$DN50$）、住宅 B（$DN50$）和仓库（$DN100$），并分别在综合楼和仓库前设置了一个室外消火栓。

2）新建 A 型住宅楼的给水管道从综合楼东面的原有引水管引入，管中心与住宅楼北阳台外墙距离为 2.50m，管径为 $DN50$，其上先装一阀门及水表，以控制整栋楼的用水并进行计量。而后，接 4 条干管至房间，每一单元有 2 条干管。每栋楼的西北角设置了一个室外消火栓。

3）从图中可以看出，污水和雨水两个系统结合在一起排放，所以工程采用的是合流制。东路接纳东北角仓库的污水和雨水，西路接纳综合楼和住宅 B 的污水和雨水。综合楼和住宅 B 的污水经过化粪池简单处理后排入排水干管。图中新建住宅 A 的排水管位于楼的北边，距离楼的北外墙 2.8m 处，接纳住宅 A 的污水汇集到化粪池 HC，排入东边的排水干管，最后排入城市给水管网。

实例 8：市政排水工程纵断面图识图

市政排水工程纵断面图如图 6-10、图 6-11 所示，从图中可以看出：

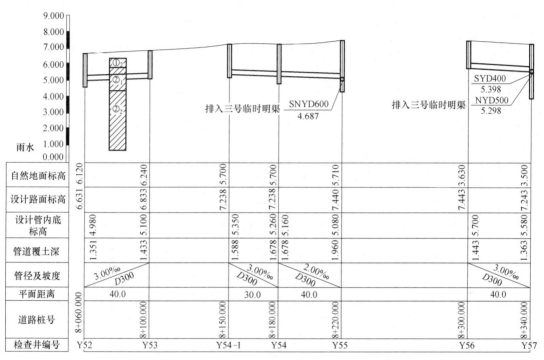

图 6-10　道路北侧雨水纵断图

排水工程纵断面图中主要表示：管道敷设的深度、管道管径及坡度、路面标高及相交管道情况等。纵断图中水平方向表示管道的长度、垂直方向表示管道直径及标高，通常纵断面图中纵向比例比横向比例放大 10 倍；图中，横向粗实线表示管道、细实线表示设计地面线、两根平行竖线表示检查井，雨水纵断面图中若竖线延伸至管内底以下的则表示落底井；图中，可了解检查井支管接入情况以及与管道交叉的其他管道管径、管内底标高、与相近检查井的相对位置等，如支管标注中"SYD400"分别表示"方位（由南向接入）、代号（雨水）、管径（400）"。以雨水纵断图中 Y54～Y55 管段为例，说明图中所示内容：

1）自然地面标高：指检查井盖处的原地面标高，Y54 井自然地面标高为 5.700。

2）设计路面标高：指检查井盖处的设计路面标高，Y54 井设计路面标高为 7.238。

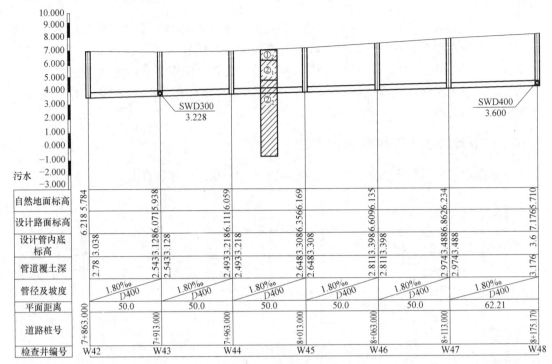

图例　$\boxed{①_2}$ 素填土　$\boxed{②_1}$ 粉质黏土
$\boxed{②_2}$ 亚砂土

图 6-11　污水纵断图

3）设计管内底标高：指排水管在检查井处的管内底标高，Y54 井的上游管内底标高为 5.260，下游管内底标高为 5.160，为管顶平接。

4）管道覆土深：指管顶至设计路面的土层厚度，Y54 处管道覆土深为 1.678。

5）管径及坡度：指管道的管径大小及坡度，Y54～Y55 管段管径为 300mm，坡度为 2‰。

6）平面距离：指相邻检查井的中心间距，Y54～Y55 平面距离为 40m。

7）道路桩号：指检查井中心对应的桩号，一般与道路桩号一致，Y54 井道路桩号为 8+180.000。

8）检查井编号：Y54、Y55 为检查井编号。

实例 9：市政雨水管道纵断面图识图

市政雨水管道纵断面图如图 6-12 所示，从图中可以看出：

1）该图的横向比例为 1：1000；纵向比例为 1：100。

2）图中，管段的衔接均采用管顶平接。

3）图中，2 号、3 号、4 号窨井位置画出的箭头，表明管道均向右转折。

4）图中，4 号及 5 号窨井均有街坊雨水支管接入。

5）5 号窨井设计尺寸为 75cm×75cm×175cm，接街坊窨井 5 号连管，连管直径为 ϕ450，长度为 23m。

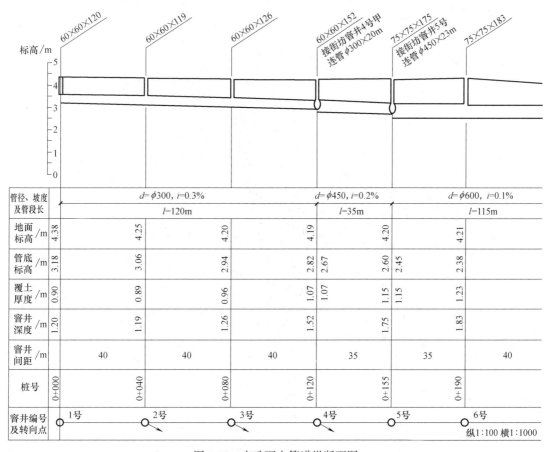

图 6-12　市政雨水管道纵断面图

6）5 号窨井深度 1.75m，左侧管底标高 2.60m，右侧管底标高 2.45m，地面标高 4.20m，覆土厚度 1.15m。

7）桩号 K0+000～K0+120 的管段管径为 $\phi300$，设计纵坡坡度 i 为 0.3%，管段长为 120m。

实例 10：某路段雨水管道施工平面图识图

某路段雨水管道施工平面图如图 6-13 所示，从图中可以看出：

1）该图的比例为 1:5000。其地形由散点高程反映出该路段的坡度平缓，由西向东呈微倾之势，地面高程在 4.2～4.4m 之间。

2）路西北有较大绿化地块，靠近人行道有一条低压电力线路，路南沿分隔带也有一条低压线路，西路口设有水准点标志。

3）道路全宽为 30m，设有两条分隔带。路北地下管线有一条 $\phi150$ 的自来水管，埋设深度为 0.5m；有一条管径为 $\phi380$ 污水管道。消防龙头及污水窨井，图上已标明它们所在位置。沿道路两侧建有数幢住房的为住宅区。街坊内雨水系统由支管汇集输送至路口窨井 4 号甲及 5 号甲，以便接入新建雨水管道。

4）拟建雨水管道位于该路段南侧，靠近道路中线距离为 4.5m。管道起点位于西端，

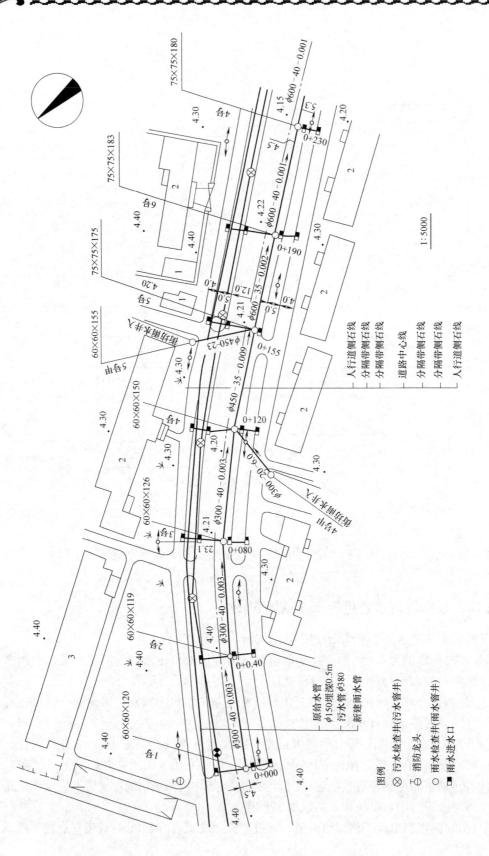

图 6-13　某路段雨水管道施工平面图

比例 1:5000

图例
⊗ 污水检查井(污水管井)
Ⓑ 消防龙头
○ 雨水检查井(雨水管井)
■ 雨水进水口

桩号为 K0+000。

5）每一管段均标明其管径、长度、坡度。每个窨井均标明其编号、窨井尺寸及深度。如图所示，在 K0+040 桩号至 K0+080 桩号段，$\phi300$-40-0.003 表示此段排水管直径为 4300，长为 40m，方向由 K0+040 桩号流向 K0+080 桩号，坡度为 0.3％，2 号窨井的尺寸为 60cm×60cm×119cm，表示窨井长、宽尺寸为 60cm×60cm，深度为 119cm。

6）道路两侧的雨水口和街坊的雨水口，用连接管接入雨水干管上的窨井，图中用粗实线标明了各连接管的位置。根据图示的现有地下管线，明显地表示出了管线之间的交叉情况。

实例 11：市政燃气管道施工图识图

市政燃气管道施工图如图 6-14 所示，从图中可以看出：

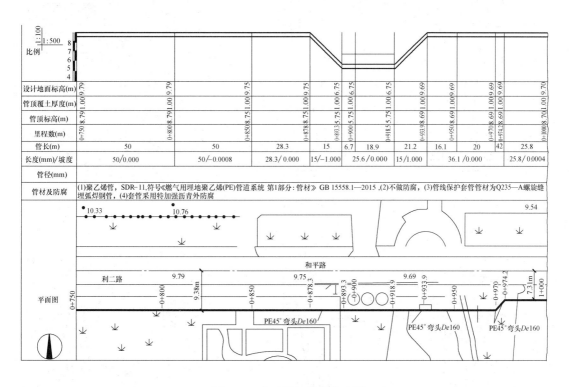

图 6-14　市政燃气管道施工图

1）管道于里程 0+750～0+970 之间离管道中心距离为 9.83m，在里程 0+970～0+974.2 之间改变管向，在里程 0+974.2～0+1000 之间离道路中心线距离是 7.38m。

2）管道在里程 0+878.3～0+933.9 之间穿越障碍物，套管采用 Q235-A 螺旋缝埋弧焊接钢管，套管的防腐方法是特加强级石油沥青防腐。

3）管道的纵横向比例分别是 1：500 和 1：100，分别绘制出设计地面标高、管道覆土厚度、管顶标高、管道的长度和坡度等。如里程 0+878.3～0+893.9 之间管道实际长度 2.12m，坡度是 −1.00。管道沿地势坡度覆土深度是 1m。

6.4　隧道与涵洞工程施工图识图实例

实例 12：某公路工程翼墙式隧道洞门图识图

某公路工程翼墙式隧道洞门图如图 6-15 所示，从图中可以看出：

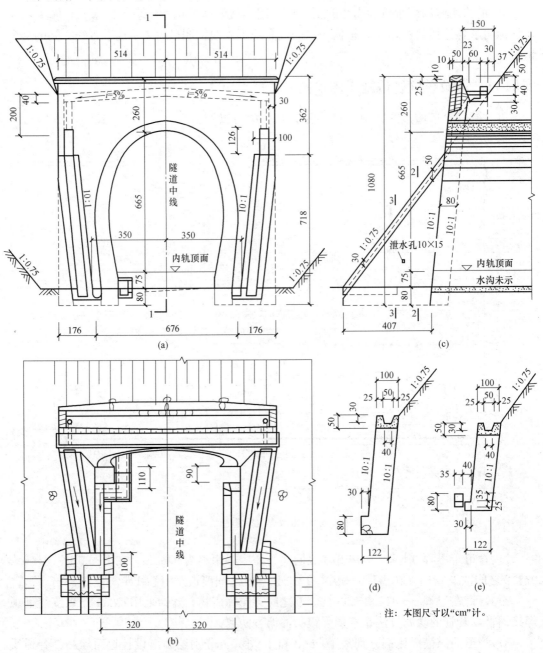

图 6-15　某公路工程翼墙式隧道洞门图

(a) 正面图；(b) 平面图；(c) 1-1 剖面图；(d) 2-2 断面图；(e) 3-3 断面图

1）隧道门是由五个图形组成，除了正面图和平面图之外，还画出了1-1剖面图和2-2、3-3两个断面图。

2）1-1剖面的剖切位置示于正面图中，是沿隧道中线剖切后向左投射得到的剖面图。

3）2-2和3-3断面的剖切位置示于1-1剖面图中，是剖切后向前投射得到的图形。

4）参考正面图和1-1剖面图可以看出，洞门端墙是一堵靠山坡倾斜的墙，倾斜度为10：1。端墙长为1028cm，墙厚在水平方向上为80cm。墙顶设有顶帽，顶帽上部的前、左、右三边均做成高为10cm的抹角。墙顶的背后有水沟，从正面图上看出，水沟是从墙的中间向两旁倾斜的，坡度 $i=5\%$。

5）从平面图可看出，端墙顶水沟的两端有厚为30cm的挡墙，用来挡水。从正面图的左边可得知挡墙高度为200cm，其形状用虚线示于1-1剖面图中。

6）埋设在墙体内的水管会将沟中的水排送到墙面上的凹槽里，然后流入翼墙顶部的排水沟中。

7）由于洞口顶部的排水涮坡度为5％，所以它与洞顶1：0.75的仰坡面相交产生两条一般位置直线，平面图中最上面的那两条斜线就是这两交线的水平投影。

8）沟岸和沟底的倾斜面在平面图中与隧道中线重合。水沟靠洞门一边的沟壁是倾斜的，它是一个倾斜的平面，与向两边倾斜的沟底交出两条一般位置直线，其水平投影是两条斜线。

9）从正面图中可以看出端墙两边各有一堵翼墙，它们分别向路堑两边的坡倾斜，坡度为10：1。

10）结合1-1剖面图可以看出，翼墙的形状大体上是一个三棱柱。从3-3断面图可以得知翼墙的厚度、基础的厚度和高度，以及墙顶排水沟的断面形状和尺寸。

11）从2-2断面图中可以看出，此处的基础高度有所改变，而墙脚处还有一个宽度为40cm、深度为35cm的水沟。在1-1剖面图中还示出了翼墙中下部有一个10cm×15cm的泄水孔，用它来排出翼墙背面的积水。

实例13：端墙式隧道洞门图识图

端墙式隧道洞门图如图6-16所示，从图中可以看出：

1）从正立面图中可以看出，它是由两个不同半径（$R=385cm$ 和 $R=585cm$）的3段圆弧和2直边墙所组成，拱圈厚度为45cm。洞门净空尺寸高为740cm，宽为790cm；洞门口墙的上面有一条从左往右方向倾斜的虚线，并注有 $i=0.02$ 箭头，这表明洞门顶部有坡度为2％的排水沟，用箭头表示流水方向。其他虚线反映了洞门墙和隧道底面的不可见轮廓线，它们被洞门前面两侧路堑边坡和公路路面遮住，所以用虚线表示。

2）平面图是隧道洞门口的水平投影，平面图表示了洞门墙顶幅的宽度，洞顶排水沟的构造及洞门口外两边沟的位置（边沟断面未示出）。

3）图中，1-1剖面图是沿隧道中线所作的剖面图，图中可以看到洞门墙倾斜坡度为10：1，洞门墙厚度为60cm，还可以看到排水沟的断面形状、拱圈厚度及材料断面符号等。

4）为读图方便，图中还在3个投影图上对不同的构件分别用数字注出。如洞门墙①′、①″；洞顶排水沟为②′、②、②″；拱圈为③′、③、③″；顶帽为④′、④、④″等。

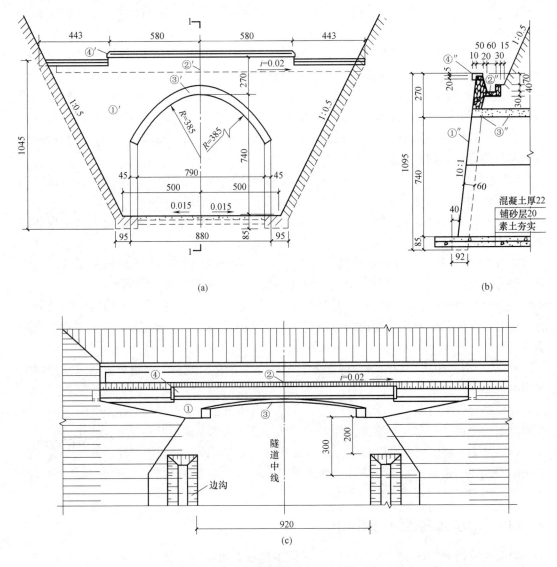

图 6-16　端墙式隧道洞门图

（a）正立面图；（b）1-1 剖面图；（c）平面图

实例 14：钢筋混凝土盖板涵洞布置图识图

钢筋混凝土盖板涵洞布置图如图 6-17 所示，从图中可以看出：

1）该涵顶无覆土为明涵洞，其路基宽度为 1200cm，即涵身长度为 12m，加上洞口铺砌，涵洞总长为 17.20m，洞口两侧为八字墙，洞高进水口为 210cm，出水口为 216cm，跨径为 300cm。在视图表达时，采用纵剖面图、平面图及涵洞洞口正立面作为侧面图，配以必要的涵身及洞口翼墙断面图等来表示。

2）从纵剖面图中可看出：由于是明涵，因此，路基宽就是盖板的长度。图中表示了路面横坡以及带有 1∶1.5 坡度的八字翼墙和洞身的连接关系，进水口涵底的标高为 685.19m，

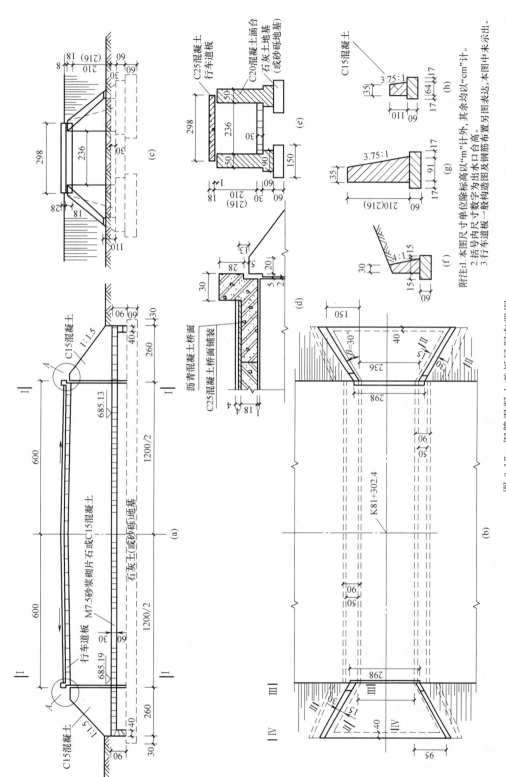

图 6-17 钢筋混凝土盖板涵洞布置图

(a) 纵断面；(b) 平面；(c) 正面；(d) A点大样；(e) I-I；(f) II-II；(g) III-III；(h) IV-IV

出水口涵底标高为 685.13m，洞底砌厚度为 30cm，采用 M7.5 砂浆砌片石或 C15 混凝土，洞口铺砌长每端 260cm，挡水坎深为 90cm。涵台基础另有 60cm 厚石灰土（或砂砾）地基处理层。各细部长度方向的尺寸亦作了明确表示，图中还画出了原地面线。为表达更清楚，在 Ⅰ-Ⅰ 位置剖切，画出了断面图。

3）从平面图中可以看出：采用断裂线截掉涵身两侧以外部分，画出路肩边缘及示坡线，路线中心线与涵洞轴线的交点，即为涵洞中心桩号，中心桩号为 K81＋302.4，涵台台身宽为 50cm。涵台，其水平投影被路堤遮挡应画虚线，台身基础宽为 90cm，同样为虚线，同样能够反映出涵洞的跨径为 298cm，加之两侧行车道板与涵台台身有 1.0cm 安装预留缝，涵洞的标准跨径为 300cm。从图中可清晰看出进出水口的八字翼墙及其基础投影后的尺寸。

4）侧面图反映了洞高和净跨径 236cm，同时反映出缘石、盖板、八字墙、基础等的相对位置和它们的侧面形状，这里地面以下不可见线条以虚线画出。

实例 15：钢筋混凝土圆管涵洞构造图识图

钢筋混凝土圆管涵洞构造图如图 6-18 所示，从图中可以看出：

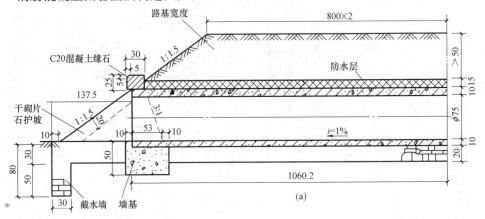

洞口工程数量表（一端）

项 别 工 程 数 量 管 径	C20混凝土 缘石 (m³)	M5砂浆砌 片石墙身 (m³)	M5砂浆砌 片石基础 (m³)	干砌片 石护坡 (m³)
75	0.191	0.552	2.200	0.275

(b)

图 6-18　钢筋混凝土圆管涵洞构造图（一）

(a) 半纵剖面图（1:50）；(b) 洞口立面图（1:50）

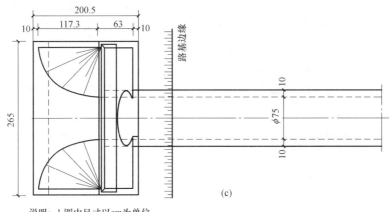

说明：1.图中尺寸以cm为单位。
2.洞口工程数量指一端，即一个进水口或一个出水口。

图 6-18 钢筋混凝土圆管涵洞构造图（二）

(c) 半平面图（1∶50）

1）图（a）中标出各部分尺寸，如管径为75cm、管壁厚度为10cm、防水层厚度为15cm、设计流水坡度为1‰，其方向自右向左、洞身长度为1060cm、洞底铺砌厚度为20cm、路基覆土厚度大于50cm、路基宽度为800cm、锥形护坡顺水方向的坡度与路基边坡一致，均为1∶1.5以及洞口的有关尺寸等。涵洞的总长为1335cm。截水墙、墙基、洞身基础、缘石、防水层等各部分所用的材料均于图中表达出来。

2）图（b）中，主要表示圆管孔径和壁厚、洞口缘石、端墙、锥形护坡的侧面形状和尺寸。图中，还标出锥形护坡横向坡度为1∶1等。另外，图中还附有一端洞口工程数量表。

3）图（c）与图（a）上下对应，只画出左侧一半涵洞平面图。图中，表示出管径尺寸、管壁厚度、洞口基础、端墙、缘石和护坡的平面形状和尺寸。图中，路基边缘线上用示坡线表示路基边坡；锥形护坡用图例线和符号表示。

实例16：钢筋混凝土端墙式圆管涵洞构造图识图

钢筋混凝土端墙式圆管涵洞构造图如图6-19所示，从图中可以看出：

1）洞口为端墙式洞口，端墙的洞口两侧有30cm厚M5.0砂浆片石铺面的锥体护坡，涵管内径为ϕ100cm，壁厚f为8cm。涵管长为1060cm，加两侧洞口铺砌长共计涵洞的总长为1500cm，涵管管节可用200cm或150cm两种规格。由于其构造对称，故采用1/2纵剖面图、1/4平面图、1/2侧面图和1/2横剖面图来表示。

2）图6-19（a）中，用建筑材料图例分别表示各构造部分的剖切断面及使用材料，如钢筋混凝土圆管管壁、洞身及端墙的基础、洞身保护层、覆土情况以及端墙、缘石、截水墙、洞口水坡等，并用粗实线图示各部分剖切截面的轮廓线。图中表示出涵洞各部分的相对位置、形状和尺寸，如管壁厚度、管节长度、覆土厚度、路基横坡及进出水口涵底的标高等。圆管涵洞设计流水坡度为1‰，洞底铺砌厚为15cm，路基覆土厚为110cm，路基宽度为800cm，锥体护坡顺水方向的坡度与路基边坡一致，为1∶1.5，顺路线方向为1∶1。

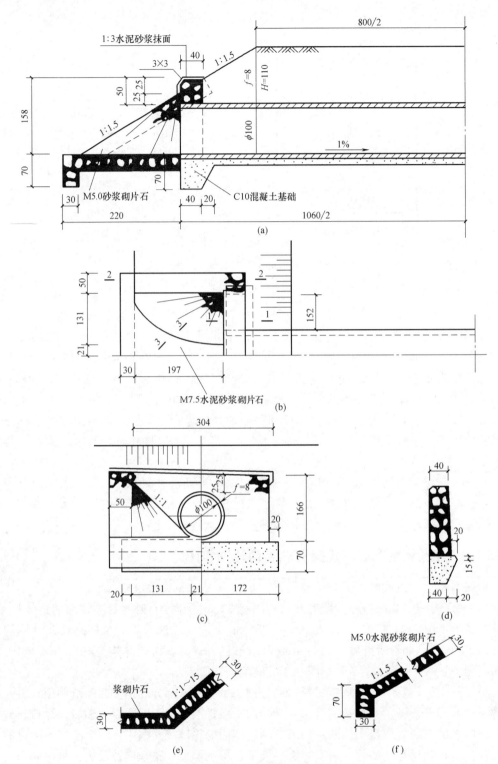

图 6-19 钢筋混凝土端墙式圆管涵洞构造图（单位：cm）

(a) 1/2 纵剖面图；(b) 1/4 平面图；(c) 1/2 侧面图和 1/2 横剖面图；

(d) 1-1 断面图；(e) 2-2 断面图；(f) 3-3 断面图

3）图 6-19（b）是对涵洞进行水平投影所得到的图样。它与图 6-19（a）对应，画出路基边缘线及示坡线，图中虚线为涵管内壁及涵管基础的投影线，进水口表示端墙的水平投影及沿路线纵向与锥形护坡的连接关系，并对洞口基础、端墙和锥坡的平面形状、尺寸详细化。

4）图 6-19（c）中，表示出了管径、壁厚、洞口形式及尺寸。图 6-19（d）表示出了端墙的构造与详细尺寸，图 6-19（e）和图 6-19（f）表示了锥形护坡的横向坡度和边坡的铺砌宽度。视图处理上，把土作为透明体，使埋土体的洞口部分墙身及基础表达更为清晰。

参 考 文 献

[1] 中华人民共和国住房和城乡建设部. 房屋建筑制图统一标准 GB/T 50001—2017 [S]. 北京：中国建筑工业出版社，2018.

[2] 中华人民共和国住房和城乡建设部. 总图制图标准 GB/T 50103—2010 [S]. 北京：中国计划出版社，2010.

[3] 中华人民共和国建设部. 道路工程制图标准 GB 50162—1992 [S]. 北京：中国标准出版社，1992.

[4] 曾昭宏. 市政工程识图与预算快速入门 [M]. 北京：中国建筑工业出版社，2015.

[5] 张力. 市政工程识图与构造 [M]. 北京：中国建筑工业出版社，2007.

[6] 隋智力. 市政工程看图施工 [M]. 北京：中国电力出版社，2006.

[7] 曹雪梅，王海春. 道路工程制图与识图 [M]. 重庆：重庆大学出版社，2007.

[8] 王娟玲. 道路工程制图 [M]. 北京：中国水利水电出版社，2008.